1. 新西兰果园防风墙
2. 苗木生长遮阴
3. 幼果园秋季施肥
4. 国内第一年果园套种
5. 国内幼龄果园
6. 清耕园浇灌设施

1. 化学诱杀
2. 灯光诱杀
3. 树行覆盖
4. 摘心
5. 排水沟
6. 浙江避雨栽培模式

1. 生长期枝蔓管理
2. "单干双蔓"树形培养
3. 新西兰多年生猕猴桃树主干环割
4. 绑蔓方法
5. 新西兰"新梢撑伞式牵引管理"法
6. "单干双蔓"整形
7. 主蔓牵引

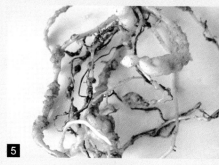

1. 白带沫蝉若虫藏身泡沫中吸食汁叶

2. 金毛虫幼虫

3. 枝干藤肿病

4. 根腐病感病初期典型症状

5. 根节线虫

6. 蝙蝠蛾危害状

猕猴桃
实用栽培技术

MIHOUTAO SHIYONG ZAIPEI JISHU

齐秀娟　主编

中国科学技术出版社
·北　京·

图书在版编目（CIP）数据

猕猴桃实用栽培技术 / 齐秀娟主编 . —北京：
中国科学技术出版社，2017.6
ISBN 978-7-5046-7478-4

I. ①猕…　II. ①齐…　III. ①猕猴桃—果树园艺
IV. ① S663.4

中国版本图书馆 CIP 数据核字（2017）第 092628 号

策划编辑	刘　聪　王绍昱	
责任编辑	刘　聪　王绍昱	
装帧设计	中文天地	
责任校对	焦　宁	
责任印制	徐　飞	

出　　版	中国科学技术出版社
发　　行	中国科学技术出版社发行部
地　　址	北京市海淀区中关村南大街16号
邮　　编	100081
发行电话	010-62173865
传　　真	010-62173081
网　　址	http://www.cspbooks.com.cn

开　　本	889mm×1194mm　1/32
字　　数	148千字
印　　张	6.625
彩　　页	4
版　　次	2017年6月第1版
印　　次	2017年6月第1次印刷
印　　刷	北京威远印刷有限公司
书　　号	ISBN 978-7-5046-7478-4 / S・627
定　　价	24.00元

本书编委会

主　编

齐秀娟

编著者

齐秀娟　方金豹　陈锦永　顾　红　徐善坤

袁云凌　胡清坡　孙雷明　钟云鹏　林苗苗

黄武权　于巧丽　邢　燕　任建杰

P*reface* 前言

　　猕猴桃果实风味独特，富含维生素 C、膳食纤维和多种矿物质，具有清肠健胃等功效，深受种植户及消费者欢迎。1978 年由中国农业科学院郑州果树研究所成立的全国科研协作组组织了全国种质资源考察以后，我国猕猴桃产业才开始起步，虽然还没有到 40 年，但是我国已经成为世界种植面积最大、产量最高的国家。尤其是 2014—2015 年，我国猕猴桃结果面积呈现了跳跃式变化，2014 年猕猴桃结果面积比 2013 年增加了 81.3%，2015 年比 2014 年又增加了 72.4%，达到 25 万公顷，可见最近几年其发展势头的强劲。尽管如此，我国猕猴桃面积、产量与苹果、梨等大宗水果相比还较少；从单产、品质、出口量等综合指标来看还不能称为产业发展优秀的国家。种植管理技术方面存在的许多问题，是制约产业健康发展的一个重要因素。

　　为了帮助果农和技术人员尽快掌握猕猴桃种植技术，本书从目前产业发展现状出发，介绍了猕猴桃树种植物学和生物学特性，对种植环境条件要求，苗木繁育技术，科学建园，花果、土肥水管理，整形修剪及主要病虫害防治等。

　　本书在编写过程中得到了很多同行的支持和帮助，并引用了很多国内外专家、学者的文献和科研成果，并尽量在文中进行了第一作者姓名及发表时间的标注，在此对他们表示感谢，如有疏漏，敬请谅解。编者在编写过程中，力求科学严谨，但限于水平，书中难免会出现错误和不足之处，敬请读者和同行专家批评指正。

编 著 者

Contents 目 录

第一章
概　述

一、猕猴桃产业概况

猕猴桃在我国又称杨桃、羊桃、藤梨、毛桃等，在国外又称中国醋栗、基维果、中国猴梨、猴桃等。它是 20 世纪野生果树人工驯化栽培最有成就的四大果树之一（其他三个为蓝莓、鳄梨、澳洲坚果）。猕猴桃属（*Actinidia* Lindl.）植物自然分布区南北跨度大，从热带赤道 0° 至温带北纬 50° 左右，纵跨泛北极植物区和古热带植物区。该属植物目前共有 54 个种和 21 个变种，共约 75 个分类群。中国是绝大多数猕猴桃种质资源的发源地，遗传资源丰富。

（一）世界猕猴桃产业

根据第八届国际猕猴桃会议（2014 年，四川蒲江）资料，国际猕猴桃组织统计 2013 年全球猕猴桃产量数据中，北半球占总产量的 77.3%，南半球占 22.7%。产量前五名的国家依次为中国、意大利、新西兰、智利、希腊，此五国猕猴桃产量占世界总产量的 89.1%（表 1-1），其中新西兰和意大利占领国际市场份额均为 30% 左右，智利占领国际市场份额的 14% 左右，目前这三个国家是国际猕猴桃市场的主体力量。中国估算本国产量为 1 236 300 吨，而国际猕猴桃组织估算为 1 100 000 吨。如果认可中国估算产量偏高的话，2013 年世界猕猴桃总产量为 2 564 300 吨，国际猕猴桃组织估算世界同年总产量为 2 428 000 吨。目前种植的猕猴桃品种，从果肉颜色看主要包括绿肉、黄肉以及红心类型。根据国际猕猴桃组织估算，2013 年采收的猕猴桃从果肉颜色来看，除中国以外世界其他国家绿肉品种产量 1 269 000 吨，占世界总产量的 95.6%；黄肉品种产量 58 000 吨，占中国以外世界总产量的 4.4%。

表 1-1　世界猕猴桃生产国 2013 年产量

	国　别	产量（吨）	占世界总产量（%）	排　名
北半球	中　国	1 100 000	45.3	1
	法　国	56 000	2.3	—
	希　腊	150 000	6.2	5
	伊　朗	32 000	1.3	—
	意大利	408 000	16.8	2
	日　本	37 000	1.5	—
	美　国	24 000	1	—
	其　他	69 000	2.8	—
	小　计	1 876 000	77.3	—
南半球	智　利	204 000	8.4	4
	新西兰	302 000	12.4	3
	其　他	46 000	1.9	—
	小　计	552 000	22.7	—
	合　计	2 428 000	—	—

数据源自第八届国际猕猴桃会议 2014 年四川蒲江。

　　根据 2014 年 7 月 31 日《猕猴桃植株健康及溃疡病统计报告》资料，2014 年新西兰猕猴桃种植面积中，绿肉品种海沃德为 8 794 公顷，占总面积的 64%，Zesh004 绿肉 14 号为 290 公顷，占总面积的 2%；黄肉品种 Hort16A 为 620 公顷，占总面积 5%，Zesh002 黄肉 3 号为 3 863 公顷，占总面积的 28%，Zesh003 黄肉 9 号为 161 公顷，占总面积的 1%。现在种植的 3 863 公顷的 Zesh002 黄肉 3 号很少进入结果期，产量仅为 7 500 吨，到 2018 或 2019 年，有望达到 16 万吨。另外，黄肉品种 Hort16A 从 2011 年的面积 2 589 公顷、产量 95 590 吨，迅速下降至 2012 年的面积 2 230 公顷、产量 80 000 吨，2013 年的面积 1 056 公顷、产量 35 520 吨，到 2014 年面积仅存 620 公顷，这主要是由于该品种高度不抗细菌性溃疡病而导致的大量毁园、砍伐造成的。

智利猕猴桃绿肉主栽品种即海沃德，目前有 9 323 公顷，占总量的 85%，其他绿肉有 230 公顷的夏 3373 以及 34 公顷的绿色光；黄肉猕猴桃 Hort16A 为 80 公顷、金桃为 400 公顷、kiwi kiss 为 175 公顷、Zesy002 黄肉 3 号为 200 公顷。

2013 年意大利绿肉主栽品种也仍为海沃德，栽培面积为 25 800 公顷，占总量的 94%，另外有 276 公顷的夏 3373；黄肉品种金桃为 510 公顷、Soreli 为 388 公顷，Zesh002 黄肉 3 号为 200 公顷、Hort16A 为 80 公顷。

（二）中国猕猴桃产业

1. 品种结构　我国是绝大多数猕猴桃属种质资源的发源地，该属 54 个种有 52 个种起源于中国，所以在遗传资源方面占有相当大的优势。我国在 20 世纪 70 年代末开始猕猴桃的大规模引种、驯化及产业化，短短三十余年已经成为世界种植面积最大（45%）、产量（27%）最高的国家（Belrose，2014），尤其是 2014—2015 年我国猕猴桃结果面积呈现了跳跃式变化，2014 年结果面积比 2013 年增加了 81.3%，2015 年比 2014 年又增加了 72.4%，无论从结果面积还是从产量来看，前几年新增加的幼年果园面积非常大，预测为 8 万～17 万公顷，至 2014—2015 年开始进入大量结果期（数据源自中国园艺学会第六届全国猕猴桃研讨会 2016 年苍溪会议报告）。目前我国有 20 多个省（市、自治区）发展猕猴桃，但主要集中在陕西、四川、河南、湖南、浙江、贵州、重庆、湖北、安徽、江西、福建等地区，统计的 2014 年产量中，陕西占全国总产量的 57.5%，四川占 13.2%。

中国积极推进自主知识产权品种的选育，金桃、金艳为主的黄肉猕猴桃品种、红阳和品系 H2 为主的红肉猕猴桃品种的育成及产业化，打破了新西兰选育的海沃德等绿肉猕猴桃品种为主的单一品种格局，满足了消费者对产品多样化的潜在需求（Huang，2014）。目前中国已经在猕猴桃品种的多样化及差异化方面取得显著成就（Li，2014）。2014 年全国猕猴桃种植品种，从产量来看，绿肉品种占总产量的 75.3%、黄肉品种占 11.4%、红心品种占 8.1%、其他类型占 5.2%（表 1-2）。从表中数据不难发现，海沃德仍是我国产量最高的品种，占总产量的 33.1%，它是我国引进

表 1-2　2014 年主要栽培品种的产量

果肉类型	品　种	产量（吨）	占总产量比例（%）
绿肉（75.3%）	海沃德	409 500	33.1
	秦　美	150 600	12.2
	徐　香	149 000	12.1
	米良一号	90 000	7.3
	金　魁	58 300	4.7
	贵　长	20 000	1.6
	哑　特	18 000	1.5
	布鲁诺	15 000	1.2
	武植三号	11 000	0.9
	翠　玉	9 000	0.7
黄肉（11.4%）	金　艳	86 600	7.0
	华　优	44 000	3.6
	金　丰	10 500	0.9
红肉（8.1%）	红阳、东红	100 000	8.1
	其　他	63 000	5.1
其他（5.2%）	软枣猕猴桃	—	—
	毛花猕猴桃	—	—

数据源自中国园艺学会第六届全国猕猴桃研讨会 2016 年苍溪会议。

的新西兰主栽品种，该品种优点是果实耐贮性好、果形端正，但也存在着早果性和丰产性差、果实偏酸、高度不抗溃疡病、维生素 C 含量较低等问题；种植面积第二位的是秦美，占 12.2%，该品种的早果性、丰产性、抗逆性、抗寒性、耐瘠薄性和耐土壤高 pH 值等综合性状居我国选育的所有品种之首位，是我国北方半干旱地区最受欢迎的一个品种，但该品种最大的缺点是果形差、果味偏酸；排名第三位的是徐香，占 12.1%，该品种综合品质优良，但存在单果重较小的问题。

近些年，黄肉和红心猕猴桃深受消费者的青睐，价格居高不下。黄色果肉主要包括金艳、华优、金丰和金桃等；红心品种主要指红阳、东红和晚红等，目前已占总产量的 8.1%。这些品种在国内市场售价可达 10～40 元 / 千克。总体来看，比例仍然较小，并且也存在一定的缺点。例如，红阳存在果实偏小、不耐贮运、适应性差、不抗溃疡病等问题，并且在河南、陕西等地栽培存在红色性状不稳定、果实小、早期长势弱、适应性较差等缺点，在浙江等南方地区栽培则会因花期较早常遭遇倒春寒的危害。近十多年来，猕猴桃栽培品种结构也发生了巨大变化（表 1-3）。美味猕猴桃里徐香品种变化增幅最大，从 2002 年的 850 公顷、占总面积比例的 1.6%，一跃提升至 2013 年的 9 830 公顷、占总面积比例达到了 9%，增幅 1056.5%；秦美品种降幅最大，从 2002 年的 17 480 公顷、占总面积比例的 33.1%，直线下降到 2013 年的 8 170 公顷、占总面积比例 7.5%，降幅 53.3%。中华猕猴桃里红阳品种变化增幅最大，从 2002 年的 2 180 公顷、占总面积比例的 4.1%，一跃提升至 2013 年的 16 630 公顷、占总面积比例达到了 15.3%，增幅 662.8%；金丰品种降幅最大，从 2002 年的 2 720 公顷、占总面积比例的 5.2%，直线下降至 2013 年的 700 公顷，占总面积比例低至 0.6%，降幅 74.3%。可见，无论是消费者还是生产者，对果品口感的要求变得更高，口感优质的品种存在很大的种植市场。

表 1-3 猕猴桃各品种 2002 年和 2013 年种植面积对比

所属种	品种	2002 年（公顷）	2002 年占总面积比例（%）	2013 年（公顷）	2013 年占总面积比例（%）	变化（%）
美味猕猴桃	海沃德	7 580	14.4	28 730	26.4	279.0
	徐香	850	1.6	9 830	9.0	1056.5
	秦美	17 480	33.1	8 170	7.5	−53.3
	米良一号	5 500	10.5	6 500	6.0	18.2
	金魁	2 340	4.4	3 560	3.3	52.1
	布鲁诺	2 000	3.8	670	0.6	−66.5
	其他	2 903	5.5	4 330	3.9	49.2
	总计	38 653	73.3	61 790	56.7	—
中华猕猴桃	红阳	2 180	4.1	16 630	15.3	662.8
	金丰	2 720	5.2	700	0.6	−74.3
	武植三号	200	0.4	680	0.6	240
	金桃	—	—	730	0.7	730
	华优	—	—	3 330	3.1	3330
	其他	8 960	17.0	—	—	—
	总计	14 060	26.7	22 070	20.3	—
种间杂种	金艳	—	—	7 680	7.1	7680
	其他	—	—	17 360	15.9	17360
	总计	52 763	100	108 900	100	—

数据源自中国园艺学会第六届全国猕猴桃研讨会 2016 年苍溪会议。

2. 产业存在问题

（1）单产低、品质差、价格低、进出口严重失衡等问题突出　虽然我国是猕猴桃生产大国，但产业发展与发达国家相比仍存在较大差距。根据国内相关产业信息，我国猕猴桃基本用于自产自销。例如，2010 年出口量约为总产量的 0.5%。根据 2014 年度《世界猕猴桃综述》中的 2013 年 CSO 数据，2012 年主产国出口所占本国产量的比例：新西兰为 95%，希腊和智利均为 90%，意大利 80%，而我国则小于 1%，说明我国猕猴桃出口所占本国总产量份额过低，同时也说明中国本土市场才是我国自产猕猴桃潜在大市场这样一个客观事实。

另外，我国猕猴桃平均单产远低于新西兰和意大利等国，面临果实品质参差不齐、整体商业化水平较低、商品综合性状差、国外猕猴桃产品长驱直入我国市场的被动局面。

从平均单产来看，根据联合国粮农组织（FAO）数据库统计，2008—2011年间，年平均每公顷产量：新西兰32吨、意大利16吨、智利14吨、韩国13吨、日本13吨，中国只有7吨，与世界差距明显。我国猕猴桃的外观和内在质量都比较差，果个大小不均，果个在不使用植物生长调节剂的情况下，大部分达不到一级果的标准（100克），供应国内市场的商品果率大约不到60%，优质果率不到30%，与国外80%的出口果率相差甚远。近两年的中国市场，新西兰产果实以个论价，黄肉品种均达10元/个，绿肉海沃德约5元/个；国产猕猴桃通常以千克论价，大多4～20元/千克。在质量安全方面，果实膨大类植物生长调节剂（氯吡脲）的使用可能产生一定的安全隐患，对猕猴桃的消费和销售形成不利影响。果品质量已成为制约我国猕猴桃产业发展的瓶颈。2010年中国猕猴桃的进口量和进口额分别为62 990吨和10 826.8万美元；从价格来看，2010年中国进口猕猴桃的平均价格为171.89美元/吨，出口猕猴桃的价格为125.97美元/吨，可见我国猕猴桃的进口价格高于出口价格，体现出我国自产果品质量和价格与进口存在着显著差距，这种差距与我国猕猴桃生产大国的身份和地位严重不协调。但也从客观表明，我国市场对高端猕猴桃果品存在一定的需求量。

（2）栽培管理技术落后，标准化生产技术体系尚未建成 猕猴桃属藤本植物，对环境适应性较差，对光、热、土、肥、水等要求较高，管理难度大，高投入、高产出特征明显。我国在猕猴桃栽培方面的研究起步晚、力量薄弱，加之经营规模小，投资力度不够，导致我国猕猴桃栽培管理技术落后、生产标准化水平低下。栽培管理技术方面存在的突出问题有：架式和整形修剪没有统一标准、肥水管理缺乏科学依据、雌雄株配比不合理、滥用膨大剂、早采现象严重等。

猕猴桃是一种雌雄异株、具有较强花粉直感效应的树种，授粉品种的选择对雌株果实形状、单果重和品质有很大的影响。例如，Seal 等（2013a）研究发现美味猕猴桃的花粉能提高黄肉猕猴桃 Hort16A 的单果重；他们进一步研究发现绿肉猕猴桃的花粉能导致红心猕猴桃果肉的红色减褪。目前栽培的主要品种大多源于野生资源雌株的优选，对雄株的选择通常被忽略或技术上不易进行，导致生产中选用的雄株混乱。最近几年育种学家开始密切关注猕猴桃配套授粉品种的选育和授粉技术的改进。例如，中国农业科学院郑州果树研究所猕猴桃资源与育种创新团队在猕猴桃机械授粉技术方面进行了积极的研发，具备机械授粉操作的全套仪器设备，获得花粉精选机（ZL 2014 2 0524456.3）、花药采集机（ZL 2014 2 0524456.3）、花药分选机（ZL 2014 2 0478441.8）等各种专利 7 项，研发出的授粉机械已在生产上进行了试验，获得了较好的效果。同时研究发现，不同倍性的雄株会显著影响软枣猕猴桃的坐果状况、果实的单果质量、果肉颜色及种子千粒重等性状（李志等，2016），猕猴桃在果实坐果率、单果质量、可溶性固形物含量、横径、纵径、果形指数、硬度、果实形状等方面具有明显的花粉直感效应（齐秀娟等，2007）。另外，叶开玉等（2014）采用人工喷雾授粉处理（白砂糖 2 克 / 升＋硼酸 1 克 / 升＋阿拉伯胶 4 克 / 升＋花粉 2 克 / 升）提高了坐果率并改善果实外观性状和内部品质；安成立（2013）等认为保证猕猴桃授粉的花柱数量（授粉花柱 ≥ 11）可以提高坐果率；贾爱平等（2010）发现不同雄性品种和雌性品种亲和性存在差异。然而，虽然中国的猕猴桃科研及产业工作者开始意识猕猴桃授粉的重要性，但我国百余个猕猴桃雌性品种及品系（黄宏文，2013）的配套雄性品种仍十分缺乏，特别是授粉品种对当年果实性状的影响等事关产业发展的关键问题仍缺乏深入阐述。进行筛选花粉量大、萌发力强的雄性配套品种，是使雌性品种发挥最大程度商品潜能的一项重要举措。

（3）猕猴桃苗木繁育技术体系落后

优质苗木是果树高标准建园的基础，直接关系到栽植成活率、果园整齐度以及建园成败等。猕猴桃具肉质化根系，定植后往往成活率低，建园难度较其他果树大，因此对苗木质量要求更高。猕猴桃苗木方面做得较好的国家为新西兰、意大利和智利，产业做得最好的也是这三个国家。这些国家基本全部使用专用砧木和优质容器苗，不仅成活率高，而且定植后第二年产量能够达到 500～800 千克/667 米^2。例如，在新西兰，美味猕猴桃布鲁诺实生苗被广泛用作猕猴桃砧木，它能促进海沃德等接穗品种快速生长并具有丰产性；凯迈是新西兰于 20 世纪 90 年代初选育的一个优良猕猴桃砧木品种，它可以大幅度提高美味猕猴桃的萌芽率，增加花量，进而提高果实产量，使果实产量比普通砧木条件下的产量增加近一倍，在新西兰各猕猴桃产区均表现一致。

近年来，我国有些产区使用对萼猕猴桃作为砧木，它根系发达，不仅适宜在山区栽培，而且适宜于平原地区与易积水区域，用对萼猕猴桃作砧木与猕猴桃的优良品种嫁接后，表现出很强的亲和力，能保持优良品种的性状，具有很强的抗溃、抗病虫害能力。多数产区繁殖的苗木是采用高度杂合的实生种子作砧木，然后再嫁接品种接穗，并采用裸根小苗定植，定植后 1～2 年主要是保成活。种子实生播种必然会引起后代性状变异等问题。

（4）病虫害防治技术薄弱，溃疡病潜在威胁巨大

猕猴桃与其他落叶果树相比，病虫害较少，并由于栽培历史短，人们对其病虫害发生发展缺乏系统研究，防治技术薄弱。随着猕猴桃栽培面积迅速扩大，老龄化果园的病虫害也越发严重，已经严重影响到了猕猴桃产业的发展。近几年世界范围大规模爆发的溃疡病，对猕猴桃产业造成了巨大影响。我国选育的红肉品种红阳也是溃疡病易感品种，四川、陕西、重庆、浙江等很多地区已经发现有溃疡病的传播，已经引起了业内广大科研人士的广泛关注，并积极研究各种防控技术。

3. 产业发展潜力　猕猴桃是原产我国的重要果树，改革开放和农村产业结构的调整促进了猕猴桃栽培业的发展，近十年来猕猴桃栽培面积和产量快速增长。但是其整体规模较苹果、柑橘等大宗果树相比还是相差很远，难以满足消费者的需求。2015 年，从面积上来看，我国猕猴桃的种植面积仅为苹果的 1/9，柑橘的 1/10；从产量上来看，约为苹果产量的 1/5，柑橘产量的 1/14。按照第六届全国猕猴桃研讨会 2016 年苍溪会议上统计的 2015 年全国 260 万吨产量和 13 亿人口计算，我国人均猕猴桃占有量为 2 千克，远低于新西兰、意大利、希腊、西班牙等国家人均 3 千克以上的水平，也远低于我国苹果人均占有量的 30 千克。随着居民的收入、消费水平不断提升和营养保健意识的不断加强，对猕猴桃果品的要求量也将不断增加。如果我国人均猕猴桃消费量达到 5 千克 / 年，仅国内市场所需年产量则约为 650 万吨。

另外，随着猕猴桃产业的不断发展和完善，早、中、晚熟品种的合理搭配，果实风味、外观、口感也更加优质和多样化。例如，近几年即食型的软枣猕猴桃品种的问世，一改大众对猕猴桃果品食用方式的传统认识，在观光、休闲、采摘等果园得到了应用。品种结构发展更加多元化，同时人们生活水平不断提高，伴随着保健意识的不断加强，猕猴桃产业发展一定会有更大的潜力。

二、猕猴桃的营养保健价值

猕猴桃果实肉肥汁多、酸甜可口，富含维生素、糖类、膳食纤维、多酚等化合物，以及钙、铁、磷、镁等元素，具有解热、止渴、健胃、降血脂等功效。根据美国 Rutgers 大学食品研究中心和美国农业部儿童营养中心的测试，猕猴桃是各种水果中营养成分最丰富、最全面的水果，且具有出众的抗氧化性能。它的营养保健价值功能成分主要体现在以下几方面。

（一）维生素含量

维生素是人体必须从食物中获得的一类微量有机物质，尽管其分子小、数量甚微，但对机体至关重要，水果的营养价值主要体现在各种维生素的含量方面。猕猴桃富含维生素 C、维生素 E、维生素 K，维生素 B_1、维生素 B_2、烟酸（维生素 pp）、维生素 B_6、维生素 A 等。其中维生素 C 的含量远高于其他水果，有"维 C 之王"的美称，水果中的维生素 C 具有提高人体免疫力，预防癌症、心脏病、保护牙齿、减少黑斑等功效。不同种类猕猴桃的维生素 C 含量不尽相同。徐小彪（2006 年）等研究认为，阔叶猕猴桃、河口猕猴桃以及毛花猕猴桃是维生素 C 含量最高的猕猴桃种质，其含量分别为 9 398～21 400 毫克／千克、13 500～16 368 毫克／千克、5 689～11 370 毫克／千克。据报道，普通商业化栽培的中华猕猴桃和美味猕猴桃，每千克果肉含维生素 C 1 000～4 200 毫克，高于苹果 20～80 倍，高于梨 30～140 倍，比柑橘高 5～10 倍，其所含维生素 C 在人体内利用率高达 94%，一个很小的猕猴桃鲜果即可满足人体一天对维生素 C 的需求。国外主栽的海沃德品种在新西兰的栽培条件下，维生素 C 含量为 800～1 000 毫克／千克鲜果肉，但在中国的栽培条件下，一般低于 500 毫克／千克。我国近几年培育的品种维生素 C 含量都很高，如毛花猕猴桃华特为 6 280 毫克／千克，中华猕猴桃源红为 2 040～2 580 毫克／千克，美味猕猴桃红什 1 号为 1 471 毫克／千克。

（二）矿质元素

猕猴桃果实中含有多种人体需要的矿质元素，特别是对人体健康和儿童智力发育有重要作用的钙、铁和锌等。品种间各种矿质元素含量均有不同程度的差别，其中差别较大的为钙、磷、铜和锰等，含量最高和最低的品种之间相差均在 3 倍以上。据相关研究表明，猕猴桃果实与其他主要水果相比，果肉中磷、铁和钾含量较高，而钙和镁等含量较低。其中磷含量比香蕉高 23.4%～66.2%；铁含量为苹果、梨和葡萄等水果的 2～3 倍；钾含量仅次于香蕉和杏。新西兰分析结果表明，猕猴桃每千克鲜果肉含钙 160～510 毫克、铁 2～12 毫克、锌 0.8～3.2 毫克、钾 1 760～1 850 毫克、钠 28～47 毫克、氯 390～650 毫克、锰 0.7～23 毫克、镁 100～320 毫克、硫 160 毫克、铜 0.6～1.6 毫克、硼 2 毫克。

（三）膳食纤维

膳食纤维被称为第七营养素，主要包括多种非淀粉多糖物质，如纤维素、木质素、果胶、低聚糖等，通常分为非水溶性膳食纤维和水溶性膳食纤维两大类。猕猴桃中的膳食纤维大多为可溶性膳食纤维，可有效降低胆固醇。根据美国食品药品管理局颁布的营养含量定义，猕猴桃含有的食用纤维含量达到优秀标准，鲜果平均所含膳食纤维的量约是菠萝的 1.5～2 倍。

（四）其　他

猕猴桃果实除了含有丰富的维生素 C 而表现为防癌、抗癌作用以外，它还含有抗突变成分谷胱甘肽，有利于抑制诱发癌症基因的突变，对肝癌、肺癌、皮肤癌、前列腺癌等多种癌细胞病变有一定的抑制作用。另外，猕猕猴桃含有大量的天然糖醇类物质肌醇，能有效地调节糖代谢；含有精氨酸，不仅是机体蛋白质的组成成分，而且是多种生物活性物质的合成前体；含有丰富的叶酸，叶酸有助于预防神经管缺陷，是孕妇需要补充的一种维生素；含有丰富的叶黄素，对眼睛来说是不可缺失的物质之一，可以加强眼睛的免疫力；含有多种抗氧化活性物质，包括酚类物质、维生素 C、类胡萝卜素和维生素 E，具有抗氧化作用。猕猴桃病虫害少，很少使用农药，是极少数没有农药污染的无公害果品之一，这是维护人体健康的最佳保证。

第二章

优良品种

一、美味猕猴桃

（一）中猕 2 号

系中国农业科学院郑州果树研究所选育，于 2014 年 12 月通过河南省林木品种审定委员会审定。该品种是从米良 1 号×太行雄鹰杂交后代中选出的中熟优良新品种。该品种果实椭圆形，果面具有灰褐色硬毛，果形整齐，平均单果重 108 克，最大单果重 145 克。总糖 12.4%，总酸 1.88%，可溶性固形物 17.4%，干物质含量 21.05%，成熟后果肉翠绿色，口感香甜。果实在 9 月中下旬成熟。丰产，抗逆性强。

（二）翠香（西猕九号）

系西安市猕猴桃研究所，于 2008 年通过陕西省果树品种审定委员会审定。在秦岭北麓野生资源普查中发现。该品种果实美观端正、整齐、椭圆形（与新西兰 Hort-16A 相似），横径 3.5～4 厘米，长 7～7.5 厘米；最大单果重 130 克，平均单果重 82 克，单株树上有 70% 的果实单果重可达 100 克，商品率 90%，果肉深绿色，味香甜，芳香味浓，品质佳，适口性好，质地细而果汁多；硬果含可溶性固形物 11.57%，总糖 5.5%，总酸 1.3%，维生素 C 185 毫克 /100

克鲜果肉，具有果肉翠绿、早熟、丰产、口感浓香、抗寒、抗风、抗病等优点。

（三）徐 香

系江苏省徐州市果园于 1975 年从中国科学院北京植物园引入的实生苗中选出。该品种果实圆柱形，单果重 75～110 克，最大单果重 137 克；果皮黄绿色，有黄褐色茸毛，皮薄，易剥离；果肉绿色多汁，有浓香，可溶性固形物含量 13.3%～19.8%，维生素 C 含量 99.4～123 毫克 /100 克鲜果肉，采后室温条件下可贮藏 20 天左右。果实采收期为 10 月上中旬。

（四）金 硕

系湖北省农业科学院果树茶叶研究所于 2009 年通过湖北省林木品种审定委员会审定。从野生猕猴桃神农大果实生后代中选出。该品种果实长椭圆形，整齐美观，单果重 120 克左右，果面密被黄褐色短茸毛，果点小。果实后熟后易剥皮，食用方便。果心呈浅黄色、长椭圆形，果肉翠绿，肉质细腻，风味浓郁，可溶性固形物含量最高达 17.4%，可滴定酸 1.8%，总糖 9.2%，维生素 C 含量 724～1 040 毫克 / 千克，耐贮性强，常温条件下可贮藏 20～30 天，货架期 7～10 天。

（五）海 艳

系江苏省海门市三和猕猴桃服务中心于 2010 年 9 月通过江苏省农作物品种审定委员会审定。从中国农业科学院郑州果树研究所引进猕猴桃种子繁育出来的实生苗中选育。该品种果实长圆柱形，平均单果重 90 克，最大单果重 120 克；果皮青褐色，有短茸毛；果心细柱状，乳白色，质软可食；果肉翠绿色，肉质细，汁液多，有香气，风味甜，品质好；可溶性固形物含量 18.2%，总糖含量 11.69%，总酸含量 1.07%；在江苏省海门市，果实 8 月中下旬成熟，果实发育期 90～100 天，是极早熟品种。

（六）金 魁

系湖北省农业科学院果茶蚕桑研究所 1986 年选出，1993 年定名为鄂猕猴桃一号，是从野生猕猴桃竹溪 2 号中实生选育的。该品种果实圆柱形，果面具棕褐色茸毛，稍有棱，果实整齐，平均单果重 100 克，最大单果重 175 克，果肉翠绿色，风味浓，具清香，耐贮性好，果实 10 月底成熟。

（七）秦 美

由陕西中华猕猴桃科技开发公司周至试验站、周至县猕猴桃试验站和陕西省果树研究所在 1984 的联合培育，原代号周至 111。果个大，椭圆形，平均单果重 100 克以上，最大单果重 200 克，可溶性固形物含量 10.2%～17%，维生素 C 含量 190～354 毫克 /100 克果肉，果形整齐。香味浓，果肉绿色。结果期早，丰产稳产，耐贮性好，具有抗寒、抗旱、抗风等能力，适应性广，果实成熟期 10 月下旬至 11 月中上旬，树势中庸、果大、坐果率高。

二、中华猕猴桃

（一）红 阳

系四川省自然资源研究所选育。该品种果实短圆柱形，平均单果重 68.8 克，最大单果重 87 克；果皮黄绿色、光滑，果肉呈红和黄绿色相间，内果皮红色，肉质细嫩多汁，酸甜适口，有香气，可溶性固形物含量 19.6%，总糖 13.45%，总酸 0.49%，维生素 C 含量 135.77 毫克 /100 克鲜果肉。

（二）晚 红

系陕西省宝鸡市陈仓区桑果工作站等单位，于 2009 年通过陕西省果树品种审定委员会审定，被陕西省果业管理局列为秦巴狝猴桃产区中晚熟新品种推广栽培。属于红阳狝猴桃的品种变异。该品种果实长椭圆形，果个均匀、整齐，平均单果重 91 克，最大单果重 132 克，较红阳大。果顶突出或平，梗洼浅，而红阳果实顶部稍大，萼洼内陷。果面绿褐色，皮厚，被褐色软毛；熟后果肉黄绿色，红心，质细多汁，味甜爽口，风味浓香，品质优。10 月中旬采收，可溶性固形物含量 16.44%，维生素 C 含量 972 毫克 / 千克，总酸含量 1.19%，总糖含量 12.05%，后熟期 20～30 天，室温下可贮放 40 天左右，在 0.5℃冷藏条件下可贮存 4 个月。果实软熟后仍能维持可食状态 2 周以上，较红阳长 1 周。

（三）皖　金

系安徽农业大学园艺学院与皖西狝猴桃研究所，于 2009 年通过安徽省林业厅林木品种审定委员会审定。通过实生选种选育。该品种果实卵圆形，果肉黄色，果面茸毛短而少，平均单果重 133 克，可溶性固形物含量 12.5%，可滴定酸为 0.88%，维生素 C 含量 759 毫克 / 千克。果实生育期 180 天左右，在安徽霍邱，果实成熟期为 11 月上旬。果实耐贮藏。该品种抗逆性较强。

（四）金　艳

系中国科学院武汉植物园，以毛花狝猴桃为母本，以中华狝猴桃作父本杂交选育而成。该品种果实长圆柱形，平均单果重 101 克，最大单果重 141 克；果皮黄褐色，少茸毛；果实大小均匀，外形光洁，果肉金黄色，细嫩多汁，味香甜；耐贮藏，在常温下贮藏 3 个月好果率仍超过 90%。树势强旺，枝梢粗壮，嫁接苗管理好的果园在定植第二年开始挂果，9 月下旬至 10 月上旬成熟。

（五）金　桃

系中国科学院武汉植物园，从野生中华狝猴桃优株武植 81-1

中选出的变异单系。该品种果实长圆柱形，平均单果重82克，最大单果重120克；果皮黄褐色，果肉金黄色，肉质细嫩、脆，汁液多，有清香味，风味酸甜适中，可溶性固形物含量18%～21.5%，在武汉地区果实9月下旬成熟，耐贮藏。

（六）豫皇1号

系河南省西峡县猕猴桃生产办公室于2009年通过河南省种子管理站品种鉴定。该品种果实圆柱形，平均单果重88克，最大单果重148克，果皮浅棕黄色或棕黄色，果面光洁，果顶稍凹或平，果形端正、漂亮，果柄长3～6厘米，果心小而软，与果柄连接处有一小木质核，种子较少，硬果时果肉黄白色，软熟后果肉黄色，肉质细嫩，汁多，香甜味浓，可溶性固形物16.5%～17%，果实成熟期9月中旬，自然条件下可存放2个月左右，冷藏条件下可贮6个半月，货架期20～30天。

（七）豫皇2号

系河南省西峡县猕猴桃生产办公室于2009年通过河南省种子管理站品种鉴定。果实长椭圆形，平均单果重85克，最大单果重136克，果皮棕褐色，密被棕色细毛，果顶微突，果形端正、整齐，果柄长4～6厘米，果心小而软，果肉成熟后金黄色，肉质细嫩，含可溶性固形物16.5%，未成熟时味道偏酸，充分软熟后味香甜可口，极耐贮，在自然条件下可贮3个月，在冷藏条件下可贮8个半月以上，从发软到腐败时间可达1个月以上。

（八）华 优

系陕西省周至县猕猴桃试验站选育。该品种果实椭圆形，单果重80～120克，最大单果重150克；果面棕褐色或绿褐色。茸毛稀小，细小易脱落，果皮较厚难剥离。未成熟果肉绿色，成熟果肉黄色或绿黄色，果肉质细汁多，香气浓郁，风味香甜，质佳爽口。9

月底成熟，在0℃条件下，可贮藏5个月左右。

（九）华 金

系河南省西峡猕猴桃研究所于2010年通过河南省科学技术厅组织的科技成果鉴定。果实圆柱形，平均单果重96克，最大单果重167克，果实浅棕黄色或棕黄色；果心小且软，果肉黄绿色，肉质细，汁液多，香气浓郁，风味浓甜；可溶性固形物含量15.5%～16.8%，总糖含量10.18%，总酸含量0.82%，维生素C含量1210～1720毫克/千克；在河南省西峡县，果实9月中旬成熟，属于早熟品种。

（十）源 红

系湖南省园艺研究所和长沙楚源果业有限公司于2010年通过湖南省种子管理局组织的现场评议。是从红阳猕猴桃的实生后代中选育而成的。该品种果实近椭圆形，果顶部略凹陷，果面光洁无茸毛，果皮深绿色，光滑细腻、皮孔小，为红心类型。平均单果重59.8克。肉质细嫩多汁，风味浓甜，可溶性固形物含量17.6%，维生素C含量2040～2580毫克/千克。8月上旬达到采收成熟度，贮藏性优异，红心性状稳定。较抗高温干旱，抗病虫害能力较强。

（十一）云海一号

系中国科学院庐山植物园于2011年12月通过江西省农作物品种审定委员会审定。果实长圆柱形，顶部略尖，平均单果重86.5克，最大单果重125克，果肉淡黄色，可溶性固形物含量15%～17.8%，维生素C含量714.2毫克/千克，总糖8.71%，可滴定酸1.48%，品质上等。该品种具有品质优良、遗传性状稳定、丰产稳产、果大味纯、商品率高、适应性强等特点。

（十二）湘 吉 红

系湖南吉首大学生物资源与环境科学学院选育。果实圆柱形，果心淡黄色，横切面内侧果肉鲜红色，呈放射状排列，外侧果肉黄绿色，清香味甜。该品种雌株具有单性结实特性，不需要配置雄株花粉授粉，可以结出无籽果实。但是开花期如果与其他猕猴桃雄株的花粉相遇（通过人工授粉或者昆虫传粉或者自然风力传粉），就会产生有籽现象。据此，新建湘吉红无籽猕猴桃果园，必须选择自然生态隔离区（选择方圆10千米内无野生猕猴桃、无人工栽培猕猴桃、无柑橘类蜜源植物的生态环境）建园，或者采取相应的农技措施，避免无籽猕猴桃（雌株）与其他猕猴桃（雄株）花期花粉相遇。

（十三）丰 硕

系湖南省园艺研究所和长沙楚源果业有限公司于2010年通过湖南省种子管理局组织的现场评议。从红阳猕猴桃的实生后代中选育而成的。该品种果肉黄绿色，果实卵圆形，果顶平坦，果面光滑无毛，果皮黄绿色，色泽光亮，整齐度高，平均单果重110克，肉质细嫩，风味浓甜，可溶性固形物含量18%，维生素C含量1 560毫克/千克；丰产性好，成熟期9月中下旬；较抗高温干旱，抗病虫害能力较强。

（十四）金 怡

系湖北省农业科学院果树茶叶研究所于2011年5月获得了农业部植物新品种保护授权（品种权号：CNA20080411.1）。该品种是从野生中华猕猴桃经实生播种选育而成。该品种果实短圆柱形，果皮暗绿色，果面茸毛稀少，有小而密的果点，平均单果重70克，最大单果重110克；果肉黄绿色，肉质细腻，风味浓郁，可溶性固形物含量17.0%～20%，可溶性总糖12.1%，可滴定酸1.28%，维生素C含量1 322毫克/千克。在武汉地区9月上旬成熟。

三、其他良种

（一）红宝石星

系中国农业科学院郑州果树研究所，于 2008 年通过河南省林木良种审定委员会审定，并于该年同时进行了农业部新品种保护登记。从野生河南猕猴桃群体中选育出的新品种。该品种果实长椭圆形，平均单果重为 18.5 克，最大单果重 34.2 克。果实横截面为卵形，果面上均匀分布有稀疏的黑色小果点。其总糖含量 12.1%、总酸含量 1.12%，可溶性固形物含量为 14%～17%。果心较大，种子小且多，果实多汁。果实成熟后光洁无毛，果皮、果肉和果心均为诱人的玫瑰红色，而且无需后熟可立即食用。这是它与常规猕猴桃相比最主要的优点。果实在 8 月下旬至 9 月上旬成熟。适于带皮鲜食、做成迷你猕猴桃精品果品，并适于加工成红色果酒、果醋、果汁等许多制品。该品种抗逆性一般，成熟期不太一致，有少量采前落果现象，不耐贮藏（常温下贮藏 2 天左右），所以栽培时需要分期分批采收，推荐休闲果园栽培。

（二）天 源 红

系中国农业科学院郑州果树研究所于 2008 年通过河南省林木良种审定委员会审定，并于该年同时进行了农业部新品种保护登记。从野生软枣猕猴桃群体中选育出的新品种。该品种果实卵圆形或扁卵圆形，无毛，成熟后果皮、果肉和果心均为红色，且光洁无毛。平均单果重为 12.02 克，平均果梗长度 3.2 厘米，可溶性固形物含量为 16%，果实味道酸甜适口，有香味。果实在 8 月下旬至 9 月上旬成熟。适于带皮鲜食、做成贝贝猕猴桃精品果品，并适于加工成果酒、果醋、果汁等许多加工制品。推荐休闲果园栽培。

（三）红 贝

系中国农业科学院郑州果树研究所从野生软枣猕猴桃种子实生后代中选育，已申请植物新品种保护登记。果实倒卵形，平均单果重为 10 克。果实较小、无毛，成熟后果皮、果肉和果心均为红色，可溶性固形物含量为 17%，完全成熟后果皮呈诱人的褐红色。适于带皮鲜食、做成迷你猕猴桃精品果品，并适于加工红色果酒、果醋、果汁等制品。穗状结果，果实在中秋节至国庆节期间成熟。采摘期可持续 1 个月以上。

（四）桓优 1 号

系辽宁省本溪市桓仁县选育的软枣猕猴桃品种，2008 年通过了辽宁省非主要农作物品种备案办公室备案。果实卵圆形，平均单果重 22 克，最大单果重 36.7 克，果肉绿色，果皮中厚，肉质软，果汁中等，香味浓，品质上等，成熟时总糖含量为 9.2%，可溶性固形物含量 12%，维生素 C 含量 379.1 毫克 /100 克，可滴定酸含量为 0.18%。该品种树势强健，花序为完全花，雌雄同株，抗寒、抗病虫能力强。

（五）华 特

系浙江省农业科学院园艺研究所选育，于 2008 年获得植物新品种保护权，登记号为 CNA20050673.0。从野生毛花猕猴桃群体中选育出的新品种。该品种果实长圆柱形，果皮绿褐色，密集灰白色长茸毛。该品种果实大，单果重 82～94 克，是野生种的 2～4 倍，最大单果重 132.2 克。果肉绿色，髓射线明显，肉质细腻，略酸，品质上等。可溶性固形物 14.7%，可滴定酸含量 1.24%。维生素 C 含量 6 280 毫克 / 千克，可溶性糖 9%。结果能力强，少量落花落果，徒长枝和老枝均可结果。果实常温下可贮藏 3 个月。

（六）满 天 红

系中国科学院武汉植物园于 2009 年通过湖北省林木品种审定。从猕猴桃实生后代中选育而成。该品种满足了花果兼美的选育目标。4 月初开始露红色花瓣，至 4 月底谢花坐果，蕾期及观花期近 30 天，花朵繁茂，花色为玫瑰红色。果实为长卵圆形，果皮淡褐色无毛，果顶微凸，果蒂平，黄褐色，平均单果重 72 克，果肉黄色，种子红褐色，维生素 C 含量 4 480 毫克 / 千克，可溶性固形物含量平均为 14%，最高达 16.7%，有机酸 1.7%。

（七）宝 贝 星

系四川省自然资源科学研究院于 2011 年通过四川省农作物品种审定委员会。用野生软枣猕猴桃实生选育而成，属软枣猕猴桃。该品种果实短梯形，果顶凸，无缝痕，果柄短。果实小，平均单果重 6.91 克。果皮绿色、光滑无毛，果肉绿色；可溶性固形物含量 23.2%，干物质 22.6%，维生素 C 198 毫克 / 千克，总糖 8.85%，总酸 0.128%，香气浓郁，连皮食用。在什邡湔氐镇（海拔 700 米）4 月中旬开花，8 月上旬成熟；在都江堰虹口镇（海拔 1 300 米）5 月上旬开花，8 月下旬成熟，属中熟品种。

四、栽培种特点及分布区域

（一）美味猕猴桃

在猕猴桃属中美味猕猴桃的果型最大，人工栽培面积也最大。该种单果重一般为 30～150 克。果实有圆形、椭圆形、柱形、球形等；果皮有褐色、浅褐色、深褐色和绿褐色；果肉有绿色、浅绿色、深绿色，果心红色。我国的美味猕猴桃广泛分布于长江流域中下游，如陕西、河南、湖北、湖南、四川、云南、贵州、广西、甘肃等地；栽培区域已扩展到原产地以外的所有猕猴桃产区，即从北京到广州，从四川到上海，近几年已逐渐向山东半岛延伸栽培。其中的绿肉品种是目前占据市场消费的主流品种。

（二）中华猕猴桃

中华猕猴桃果实大小仅次于美味猕猴桃，栽培面积占第二位。该种单果重一般20～100克。果实有圆形、椭圆形、柱形、球形等；果皮有褐色、浅褐色、深褐色和绿褐色；果肉有绿色、浅绿色、深绿色、黄色、浅黄色、橙黄色、红色等。我国进行中华猕猴桃栽培的区域主要在原产地，即长江流域中下游，如陕西、河南、安徽、江苏、浙江、湖北、湖南、江西、广东、山东、广西、福建等地，近几年逐渐向北延伸栽培。其中的红心品种是引导目前市场消费的主流品种之一。

在生长势方面，多数中华猕猴桃要弱于美味猕猴桃；成枝率和结果枝率方面，中华猕猴桃均高于美味猕猴桃。谢鸣等（1995）通过对浙江省农业科学院和杭州地区余杭县安溪果园种植的中华猕猴桃和美味猕猴桃的物候期和生长结果习性进行观察，认为中华猕猴桃的物候期要早于美味猕猴桃，中华猕猴桃以短果枝结果为主，美味猕猴桃以长果枝结果为主；中华猕猴桃结果早、前期产量高，早熟和果实维生素 C 含量高，果实耐贮藏性不如美味猕猴桃。

（三）软枣猕猴桃

软枣猕猴桃是猕猴桃属中分布面积最广的种类。该种单果重一般在 5～30 克。果实有圆形、椭圆形、柱形、球形等；果皮有浅绿色、深绿色和紫红色；果肉有绿色、浅绿色、深绿色和红色。在我国地域，主要分布在北纬 45°以南的完达山南部、张广才岭及老爷岭山区，在东北三省、山东、山西、陕西、河南、河北、安徽、浙江、江西、湖北、福建及西北和华东各省也有分布。软枣猕猴桃成熟果实可作即食型猕猴桃，也可用来酿酒、制作果酱和果汁、提取维生素 C 等；树体可入药；有些地区的软枣猕猴桃（如东北地区）与传统商业栽培的美味猕猴桃和中华猕猴桃相比较抗寒，所以可将传统的猕猴桃商业栽培区向北推移，或开创新型的猕猴桃开发模式，如休闲果园的开发等；打破了人们对猕猴桃果实成熟后需要后熟、去皮方可食用的定性思维模式。

目前，英国等国家已经有软枣猕猴桃上市，是方便儿童食用并受到儿童欢迎的猕猴桃品种，在英国的 Asda 超市，一盒 10～12 个装、重约 125 克的迷你猕猴桃售价约合 19 元人民币；在 M&S 超市，16 个装、重约 150 克的迷你猕猴桃标价约合 28 元人民币。2014 年，新西兰产的绿肉软枣猕猴桃已在国内少量销售，约合人民币 120 元 / 千克，所以软枣猕猴桃有成为国际猕猴桃市场消费新时尚的潜能，目前在辽宁丹东、本溪等地区发展迅速。

（四）毛花猕猴桃

毛花猕猴桃果实大小仅次于美味猕猴桃与中华猕猴桃，居第三位。花大且颜色诱人，可作庭园观赏树种。其花期明显晚于中华猕猴桃和美味猕猴桃，郑州地区一般晚 25 天左右。从现蕾至落瓣为期半个月左右，此时气温变幅小、湿度大，不易受晚霜危害。毛花猕猴桃主要分布在贵州、湖南、浙江、江西、福建、广东、广西等地。该种因花色美观、易剥离、食用方便、耐贮藏、适应性强、耐高温、耐涝、耐旱等优点，具有较好的市场吸引力，前景乐观。

第三章

生物学特性

一、主要特征特性

（一）根

　　猕猴桃的根为肉质根，皮厚；最初为白色，后转为黄色或黄褐色，嫩脆，受伤后会流出液体，即伤流；老根外表灰褐色到黑褐色，有纵向裂纹；主根在幼苗期即停止生长，骨架根主要为侧根；侧根和细根很密集，共同组成发达的根系。幼根和须根再生能力很强，既能发新根，又能产生不定芽；老根发新根的能力很弱，伤断后较难再生。根系分布与生长动态研究，可为猕猴桃合理和适时水肥管理提供科学依据。王建等（2010）研究认为，猕猴桃的主根（直径＞1厘米）占根总量的60.23%，其中91.33%分布在0～40厘米土层，没有到达60厘米土层以下；侧根（直径0.2～1厘米）占根总量的32.34%，主要分布在20～40厘米土层，占51.79%；细根（直径＜0.2厘米）占根总量的7.44%，与侧根一样分布在20～40厘米土层最多，占35.08%。

　　艾伯特猕猴桃品种根系在土壤温度为8℃时开始活动；20.5℃时进入生长高峰期，随后生长开始下降；当土壤温度为29.5℃时，新根生长基本停止。秦岭北麓地区猕猴桃根系在3月28日至5月18日和7月9日至9月8日生长较慢，5月18日至7月9日和9

月 8 日至 11 月 6 日生长相对较快，11 月以后基本停止生长。

生长在坚硬土层内的根系分布较浅；生长在疏松土壤内的根系分布较深。黏壤土果园内 7 年生秦美猕猴桃根系，水平分布最远为 100 厘米左右，在距树干 20～70 厘米范围内土壤中的数量最多，与苹果、桃、葡萄、枣等果树相比，根系水平分布范围较小。经赵斌等（2016）采用"挖掘法"观察了 5 年生华优和 Hort-16A 两个品种地下根系的分布状态，确定它们根系在垂直分布上主要集中分布在 0～40 厘米土层，且各层分配比例有差异；在水平分布上，华优主根和细根主要分布在 0～40 厘米土层内，而 Hort-16A 主根主要分布在 0～40 厘米，细根在 40～80 厘米。

（二）叶

常规栽培种类的猕猴桃叶大、较薄、脆，容易被风刮烂。早春萌芽后约 20 天开始展叶，其后迅速生长一个月，当其大小接近总面积的 90% 左右时，转入缓慢生长至定形。通风透光条件下，定形后的叶片到落叶前的几个月里，光合作用最强，制造和向其他器官输送的养分最多。叶具有光合和呼吸功能，当其光合作用产物大于呼吸作用所消耗的物质时，养分积累并输出供给树体及果实生长发育所需；当呼吸所消耗的物质大于光合产物时，消耗营养。具有营养积累功能的叶叫有效叶，不具有营养积累功能的叶叫无效叶。栽培的目的就是尽可能地提高有效叶总面积，减少无效叶数量。无效叶的种类有幼嫩叶、衰老叶、遮阴叶、病虫害或风等机械伤造成大面积失绿或破损叶。果园管理中增加有效叶面积才能提高果实的产量和品质，进而提高经济效益。

优良品种的叶片面积大、叶厚、色深，光合能力强、养分积累多，供给花芽、树体及果实生长发育的养分多，革质强，抗风害能力强。当然，相同品种的叶片大小和形状因树龄和着生位置会略有差异，但是不同种类、不同品种的猕猴桃叶片形状和叶尖端形状均有较大差异（图 3-1，图 3-2）。

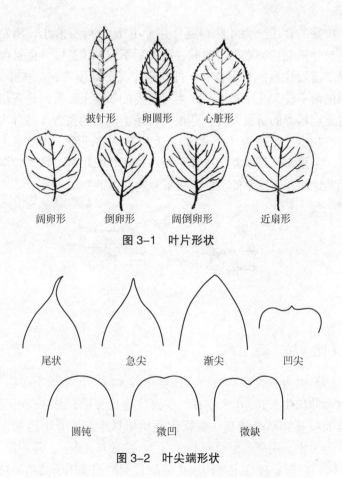

图 3-1　叶片形状

披针形　　卵圆形　　心脏形

阔卵形　　倒卵形　　阔倒卵形　　近扇形

尾状　　　急尖　　　渐尖　　　凹尖

圆钝　　　微凹　　　微缺

图 3-2　叶尖端形状

（三）芽

常规栽培的猕猴桃芽由数片具有锈色茸毛的鳞片和生长点组成，被深深地包埋在叶腋间海绵状芽座中。每个芽座中有 1～3 个芽，3 个芽中两侧较小的为副芽，中间较大的为主芽。副芽常呈潜伏状，当主芽受伤或枝条短截时，副芽便萌发生长，有时主、副芽同时萌发。

按芽的性质分为叶芽和混合芽（花芽）。叶芽瘦小，萌发后只抽梢长叶；混合芽肥大、饱满，萌发后不仅抽梢长叶，而且可开花结果。需要注意的是混合芽，即花芽（又称花序芽或花枝芽），因其和葡萄一样，花序是着生在当年萌发的新梢上，所以是栽培猕猴桃时重点培养的对象。混合芽根据枝条上萌发的位置，可分为上位芽、平位芽、下位芽（图3-3）。上位芽背向地面，萌发率高、抽枝旺、结果多；平位芽与地面平行，枝条生长中等、结果较多；下位芽朝地面，萌发率低、抽生枝条衰弱、结果少。

图3-3　猕猴桃的枝和芽

1. 上位芽　2. 下位芽　3. 平位芽

（四）枝　蔓

猕猴桃为木质藤本植物，枝蔓比较柔软，需攀缘支撑物生长，其蔓可伸长生长达10米左右。根据枝蔓是否带有花芽，可将其分为营养枝蔓和结果枝蔓。根据猕猴桃雌株生长的骨干结构，雌株可分为主干、主蔓、结果母枝（蔓）、结果枝（蔓）、营养枝（蔓）（图3-4）。营养枝蔓主要构成树体的骨架结构或用于结果母枝蔓更新，如主干、主枝蔓、侧枝蔓和未形成花芽的一年生枝蔓。具有开花结果能力的当年生枝蔓，叫结果枝蔓。因为猕猴桃的花芽为混合芽，所以着生在结果枝蔓的母枝上，叫结果母枝蔓。一般选长势中庸、组织充实的枝蔓培养成结果母枝蔓。一般结果母枝蔓的中、下端第七至第十个节位着生的结果枝蔓较多，结果枝蔓于基部1～7节间开始结果，一个结果枝蔓可以着生3～5个花序，每个花序可以结果1～4个。凡是达到结果年龄的枝条，除基部和蔓上抽生的徒长枝外，几乎所有的新梢都很容易形成花芽，进而形成结果母

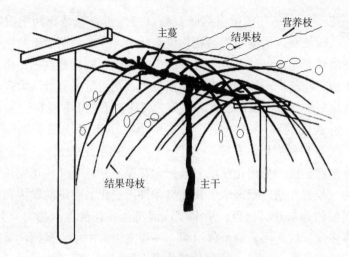

图 3-4 猕猴桃枝蔓类型

枝蔓。猕猴桃一年可抽梢 3～4 次，各蔓抽生的长势和生长量自下而上减弱。

中华猕猴桃和美味猕猴桃的结果枝蔓一般按以下长短进行划分：小于 10 厘米叫超短结果枝蔓（也称丛状结果枝蔓）、10～30 厘米叫短结果枝蔓、30～50 厘米叫中结果枝蔓、50～100 厘米叫长结果枝蔓。笔者将软枣猕猴桃天源红的花枝划分为以下五种类型：短缩花枝（0～5 厘米），从基部到顶端均可着花；短花枝（5～10 厘米）；中花枝（10～30 厘米），部分着花可达顶部，一般 3～10 节；长花枝（30～50 厘米）；徒长性花枝（50 厘米以上），着花于枝条的中下部 4～13 节之间。

（五）花和花序

猕猴桃花从结构上来看属于完全花，具有花柄、花萼、花瓣、雄蕊和雌蕊，但是从功能上来看绝大多数品种属于单性花，分为雌花和雄花。雌花子房发育肥大，多为上位扁球形，柱头多个，心室中有多数胚珠，发育正常；雄蕊退化发育，花丝明显矮于雌花柱头，花药干瘪，有些虽然肉眼观察高度接近，但是花药中没有花粉，或即使有少量的花粉，花粉没有活力，在大蕾期套硫酸纸袋完全隔离外界花粉的情况下自身不能坐果。雄花则雄蕊发达，明显高于子房，花药呈现饱满状态，花粉粒大，花粉量充分且活力强；子房退化很小，呈圆锥形，有心室而无胚珠，不能正常发育。

猕猴桃的花序有单花、二歧聚伞花序和多歧聚伞花序（图3-5）。中华猕猴桃每花序多为1～3朵（少数品种较多，如金艳），而美味猕猴桃多为单花序或二歧聚伞花序。开花时间和花期长短因品种、雌雄性别、管理水平和环境条件而变化。中华猕猴桃和美味猕猴桃的花初开呈白色，后渐变成淡黄色或棕黄色；花大、美观，具芳香味；缺乏明显的蜜腺组织。一般来说，中华猕猴桃比美味猕猴桃开花早7～10天，雄株比雌株开花早一些。无论是雌株还是雄株，开花顺序一般是自上而下开放，但由于枝条强弱和着生部位不同而略有差异。向阳枝蔓的中部花先开，顶花先于侧花开。一朵单花可开放2～6天（多为3～4天），开花前2天为最佳授粉时间。雌性优良品种的花以花期适中、单生、无畸形花者为优；雄性品种以花量大、花粉量大、花粉活性强、花期长、授粉范围广而且与雌性品种具有很好的花粉直感效应者为优。笔者观察了郑州猕猴桃资源圃内的部分品种的开花习性，不同种类猕猴桃品种的花期、颜色有较大区别。例如，毛花、葛枣猕猴桃开花期晚于中华猕猴桃、美味猕猴桃、软枣猕猴桃20天左右；中华猕猴桃和美味猕猴桃花瓣初

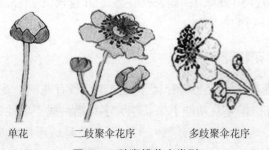

单花　　　　二歧聚伞花序　　　　多歧聚伞花序

图3-5　猕猴桃花序类型

开时多为白色，软枣猕猴桃有白色和略带片状红晕两种类型，毛花猕猴桃、长果猕猴桃花瓣为粉红色；从花药颜色来看，中华猕猴桃和美味猕猴桃为黄色，软枣猕猴桃为黑色，毛花猕猴桃为深黄色。相同种中，不同品种的花期和长短都不尽相同，这就要求选择相配套的雄株。

有效授粉期是指开花后在花粉管到达胚珠之前，胚囊保持活力和接受花粉能力的天数。有效授粉期的长短除了与柱头的活力、柱头与花粉的亲和力及花粉活力等亲本性状有关外，也与授粉期的温度、湿度等环境因子有关。花期温度较为平稳，花期持续的时间相对较长，而如果花期温度变化幅度大，则会加速柱头的褐化，使可授性降低。笔者对郑州地区全红型软枣猕猴桃天源红花器结构、雌花开放动态及寿命、花期温度、柱头可授性、有效授粉期、有效受精期、花粉管行为等进行了系统研究。扫描电镜中观察发现，接受花粉的柱头具有一道裂沟，并且纹理丰富，表面有大量长圆柱形乳突细胞，无黏液分泌，顶端形状有钝圆、尖凸或凹陷三种形态，这种表面形态结构有利于嵌合外来花粉；雌花单花期为1～2天，柱头可授性在花后1～2天最强，花开后3～5天逐渐降低，花后第六天失去可授性；有效授粉期为开花第一天和第二天，有效受精时期为授粉后5～10小时；在较稳定、适宜的温度下，天源红开花较为整齐，花期突然降温会使花朵的柱头变得干枯发黑，有效授粉期大大缩短。另外观察其受精及胚胎发育过程时发现，在雌雄株配置8：1的情况下，存在同一子房受精不同步，胚囊、胚胎发育异常等现象发生，此时会出现少量落果。在生产中可以人为适量喷水，改善小气候条件，延长其有效授粉期；增加花粉密度，改善授粉、受精条件，是提高其产量的有效措施。

猕猴桃的花期较晚，在桃、梨、苹果等其他果树树种之后。中华猕猴桃的花期早于美味猕猴桃，郑州地区一般在4月下旬至5月初；美味猕猴桃在5月上中旬。因此，授粉品种的配置一般选择相同种类且同期开花的。猕猴桃的整个树体从开始开放到落花一般经历一周左右。由于雌性品种以中期开的花质量好，所结果实果形端正；雄性品种以早期花质量高，所以选配雄性授粉品种时，以其初花期正对上雌性品种的盛花期为宜。笔者研究了郑州地区美味猕猴桃徐香的花期特点，观察到开花前 1 天至其后第二天，花柱呈现纯白色而且鲜亮，从开花第三天开始柱头逐渐变黄、变干，第五天开始变黄褐、焦枯。通过坐果率调查，在郑州地区徐香猕猴桃开花前 1 天至其后 2 天内授粉效果明显好于其他时期，有效授粉期是开花前 1 天至开花第 3 天，共计 4 天。当然，相同品种在不同温度、湿度和其他生态环境条件下，其有效授粉期的长短可能不尽相同。笔者根据 ZDR-20 型智能数据记录仪调查，徐香猕猴桃花期温度的变化，在开花前后的 5 月 1 日至 5 月 10 日，资源圃内的小气候温度为 14℃～35℃左右，温度上升很快，所以花的开放速度也很快。例如，5 月 3 日时整个树体基本处于大蕾期，只有极少的花蕾开始绽开，而在 5 月 4 日时全树基本有 50% 的花朵开放，这样就缩短了花期，而且在高温条件下，柱头更容易干枯变黑，使得肉眼观察到的柱头可授性大大降低。

（六）果　实

猕猴桃是中轴胎座多心皮浆果，倒生胚珠，蓼型胚囊。果实形状不一（图 3-6），有圆形、长椭圆形、椭圆形或扁圆形等；果皮颜色有绿色、黄色、褐色、红色等；表面被毛情况分为有、无毛两种类型，有毛的根据毛的分布可分为稀毛、中毛、多毛，根据生长状态可分为短茸毛、茸毛、硬毛、糙毛等不同类型。内、外层果肉颜色可分为绿色、黄色、橙色、红色等各种类型，目前生产上栽培品种多为选自绿色果肉的美味猕猴桃和黄色或内果皮为红色果肉的中华猕猴桃，也有极少量的全红型或绿肉型的软枣猕猴桃。中华猕猴桃和美味猕猴桃品种在正常的管理和气候条件下较少发生采前落果现象，软枣猕猴桃有少量采前落果现象。同一品种栽培在不同地区和条件下，品质表现有差异，体现出区域适应性，引种

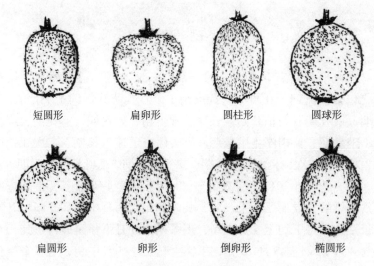

| 短圆形 | 扁卵形 | 圆柱形 | 圆球形 |

| 扁圆形 | 卵形 | 倒卵形 | 椭圆形 |

图 3-6 果实形状

时应注意。

  猕猴桃按果实成熟期一般可分为早熟、中熟、晚熟和极晚熟品种。早熟品种指 8 月份达到成熟度而能够上市的品种，中熟品种指 9 月份上市的品种，晚熟品种指 10 月份上市的品种，极晚熟品种指 11 月份上市的品种。目前尚未发现 7 月份成熟的极早熟品种，也未培育出早熟的美味猕猴桃品种。由于猕猴桃种植地域较大，很难用地方成熟期来衡量，所以只能以达到采收成熟度、能够上市为准。

（七）种 子

  猕猴桃的种子较小，形状多为扁长圆形，成熟新鲜的种子多为棕褐色或黑褐色，干燥的种子呈黄褐色或红褐色，表面有网纹。经相关部门测定，猕猴桃籽粒中含油率平均为 28.85%，其中不饱和脂肪酸含量高达 90.37%，而亚油酸、亚麻酸含量平均占不饱和脂肪酸的 74.83%。

二、物 候 期

物候信息具有非常明显的季节性和地方性。猕猴桃的物候期主要包括伤流期（在早春萌芽前约1个月到萌芽后约1个月）、萌芽期、展叶期、新梢开始生长期、现蕾期、始花期、盛花期、终花期、坐果期、新梢停止生长期、果实停止迅速生长期、二次新梢开始生长期、二次新梢停止生长期、果实成熟期、落叶期和休眠期等。

金方伦等（2013）在2008—2011年连续4年于遵义市调查中华猕猴桃的物候期，结果表明，其萌芽期是3月中下旬，新梢开始生长期为3月下旬至5月中旬，现蕾期为3月下旬至4月上旬，花期为4月22日至5月18日；果实生长始于5月中旬，有3个生长高峰期，8月下旬进入果皮着色期，9月中下旬进入果实生理成熟期。何阳鹏等（2005）观察了中华猕猴桃和美味猕猴桃6个品种，在浙江省江山市周村乡仙霞山猕猴桃基地的物候期情况（表3-1），可见猕猴桃不同品种的物候期差异较大，大多数于3月份开始萌动；中华猕猴桃品种华丰、魁蜜、通山五号的物候期稍早于美味猕猴桃品种金魁、米良一号、海沃德，尤其是开花期和果实成熟期；中华猕猴桃3个品种花期均在4月中下旬，遇倒春寒的可能性比较大；而美味猕猴桃的3个品种花期均在5月上旬，可以避开倒春寒且温度、湿度适宜，有利于雌花的授粉和受精；两个猕猴桃种类的果实成熟期有很大差异，中华猕猴桃处于高温的初秋，而美味猕猴桃在凉爽的深秋，这也是中华猕猴桃不及美味猕猴桃耐贮的原因之一。一般而言，春季温度较低的年份，猕猴桃的物候期相对延迟，温度偏高的年份则相对提前些；物候期存在差异，可能与各个种（或品种来源）的地理分布有关，是各个种（或品种）长期自然选择的结果。

表 3-1　浙江省江山市周村乡仙霞山猕猴桃基地猕猴桃主要物候期（日 / 月）

所属种	品种	伤流期	萌芽期	展叶期	现蕾期	初花期	盛花期	终花期	新梢迅速生长期	果实成熟期	落叶期
中华	华丰	4/3	10/3	15/3	8/4	20/4	26/4	30/4	6/4—12/7	27/9	5/12
	通山五号	6/3	12/3	18/3	10/4	25/4	27/4	1/5	6/4—10/7	28/9	7/12
	魁蜜	5/3	13/3	25/3	10/4	26/4	29/4	5/5	10/4—10/7	9/10	10/12
美味	金魁	7/3	21/3	25/3	15/4	1/5	6/5	6/5	12/4—15/7	10/10	11/12
	米良一号	8/3	25/3	27/3	18/4	2/5	10/5	10/5	12/4—12/7	16/10	23/12
	海沃德	10/3	28/3	31/3	19/4	5/5	12/5	12/5	10/4—22/7	19/10	20/12

三、对环境条件的要求

猕猴桃从果皮茸毛分布生长情况上可分为硬毛猕猴桃、软毛猕猴桃、无毛猕猴桃；从果肉颜色上可分为绿肉猕猴桃、黄肉猕猴桃、红肉猕猴桃；根据茎叶被毛与果实结构可分为四组：净果组、斑果组、糙毛组、星毛组。习惯上把黄肉无毛的一类称为中华猕猴桃，把绿肉有毛的一类称为美味猕猴桃。我国地域广阔，尽管猕猴桃分布范围非常广泛，但是适于猕猴桃商业栽培的地区并不是很多。商业栽培猕猴桃应满足以下几个生态条件。

（一）海　拔

南北各地调查表明，海拔 2 000 米为猕猴桃生存上限，海拔 1 300 米为经济栽培上限。一般栽培区集中分布在海拔 350～1 200 米，地区不同垂直分布范围也略有差异，如在湖南省主要集中分布在 800～1 000 米，而在河南省则主要分布在 350～1 200 米。

（二）温　度

猕猴桃对周围环境的温度要求相对比较高，气温太低不能安全越冬，气温过高，如广东南部，由于没有达到适宜的需冷量，所以只长枝叶，不开花结果。狝猴桃生长发育比较适宜的年平均气温一般在12℃～22℃范围，但以极端最高气温35.4℃～40.9℃，极端最低气温-2.6℃～-20℃，无霜期210～335天，日照时数1000～2600小时，积温约4000℃～6115℃，年平均温度在10℃～17℃的地区生长最为旺盛，且产量高、品质好。

1. 高温　狝猴桃是一种不耐高温的果树。在我国广大狝猴桃产区，夏季高温、干旱、强光常同时发生，三者的协同作用严重影响狝猴桃的生长发育。气温在33℃以上时，狝猴桃枝蔓、叶、果的生长量均显著下降。如高温伴随着干旱和大风（即干热风）时，可导致大量叶缘撕裂，变褐、干枯、反卷，严重影响叶片光合产物的合成和积累。气温在35℃以上时，狝猴桃叶片被强光照射5小时叶缘即会失绿，继而变褐、发黑；若高温持续2天以上，叶缘就会变黑上卷，呈火烧状。日灼严重时，可引起早期落叶，甚至死树。高温还会导致果实阳面发生日灼，形成褐至黑色干疤，果皮细胞木质化，限制果实的生长；轻度日灼的果实成熟后果个较小且果面不洁净，失去应有的商品价值；严重时，果实软腐甚至溃烂，造成巨大的经济损失。陕西省是我国栽培狝猴桃面积最大的省份，近10年来，陕西省狝猴桃主产区的狝猴桃果实膨大期受到多次不同程度的高温干旱等气象灾害的影响，对狝猴桃的产量、品质形成明显影响。

适度遮阴对狝猴桃生长结果具有很好的效果。例如，何科佳等（2007）对中华狝猴桃翠玉采用25%左右的遮阴强度，对美味狝猴桃米良一号采用50%左右的遮阴强度，均取得了显著的保叶、保果效果，并且显著提高了当年狝猴桃产量、品质和贮藏性。在新建园或幼苗移栽时，在即将到来的高温季节及时搭设遮阳网，可显著提高苗木当年的成活率。另外，采取果园生草也是预防高温危害的有效办法之一，生草果园夏季可降低气温0.6℃，降低地表温度最高达10.7℃，降低叶温0.4℃～1.7℃。

2. 低温　高温会对猕猴桃树体造成危害，同样，低温也会严重影响猕猴桃树体的生长，尤其是生长期的树体，最怕温度骤然降低，轻则冻伤部分枝条造成减产，重则造成植株大面积死亡。例如，2009 年 11 月上中旬，在猕猴桃树体尚未落叶进入休眠之际，受北方强冷空气和南方暖湿气流的共同影响，郑州市出现了一场强降温雨雪天气，据大河报报道，此次郑州雨雪量达到 45.6 毫米，降雪量和积雪深度均创历史最高记录，使郑州及周边地区猕猴桃树体受到了严重冻害。同期，陕西省大面积的降雪也给陕西这个重要的猕猴桃产业大省造成了严重危害。笔者通过调查郑州地区的冻害情况，猕猴桃不同种间、不同部位间抗冻害力差异较大。猕猴桃不同种间抗冻害能力为：软枣猕猴桃＞中华猕猴桃＞美味猕猴桃，并且从实生苗的观察中发现成活的植株多为雄株，说明雄株抗冻害能力强于雌株。从五年生美味实生树体田间观察情况看，猕猴桃最容易受冻的部位是一年生枝，发生冻害较轻的树体表现为个别一年生枝条失水皱缩；其次是地面 20 厘米以上到 1.2 米左右的树干部位，表现纵向裂口，深达形成层，且形成层褐变腐烂，在伤流期有褐色或灰白色胶状黏液渗出；根颈部位和根部往往受冻害程度较轻，调查中可见很多树体地上部全部死亡，而在树干基部 20 厘米以下还很正常，从二年生实生苗中也看到了这一点，虽然有些地上部分已经干枯至死，而根颈部和根际依旧呈现绿色。另外，晚霜冻害也会对猕猴桃生长产生重要影响，如 2006—2009 年的 5 年间，陕西省眉县晚霜冻害发生 4 次，不同程度的危害频次为 80%，特别是 2007 年 4 月初的一场晚霜冻害，造成猕猴桃新梢萎蔫，叶片干枯，危害重的果园损失惨重，有的甚至造成绝产（程观勤等，2009）。

（三）水　分

猕猴桃是浅根植物，它的抗旱耐涝能力较差，所以它对土壤水分和空气湿度的要求都相对严格。自然分布区年降水量约为

700～1 900毫米，空气相对湿度74%～86%。一般来说，凡年降水量在1 000～1 200毫米、空气相对湿度在75%以上的地区，均能满足猕猴桃生长发育对水分的要求。水分不足，会引起新梢生长受阻，叶片变小，叶缘枯萎，严重时甚至还会引起落叶、落果等现象发生。同时猕猴桃还怕涝，在排水不良或渍水时，常被淹死。我国南方的梅雨或北方的雨季，如果连续下雨而排水不良，则使根部处于水淹状态，影响根的呼吸，时间长了根系组织腐烂，植株死亡。1998年8月长江洪涝灾害发生时，成年猕猴桃在渍水3天左右时枝蔓叶萎蔫，继而整株死亡。1年生猕猴桃在生长旺季淹水1天后，也在1个月内相继死亡。大树淹水6小时以内，虽未死树，但出现叶片黄化脱落，发育后期果实裂果等现象。2016年夏季，南方多日的降雨给安徽、江苏等很多地区新建猕猴桃果园造成了巨大影响，甚至导致毁园。因此，在新建果园时，要严格注意整地方式，预防洪涝灾害发生的危险，同时在日常管理中，要把防旱和抗涝工作始终贯穿其中，不可掉以轻心。猕猴桃的抗旱、耐涝能力，因种类和品种不同而异。一般来说，抗旱能力较强的种和品种，侧根较发达，叶面茸毛较密、叶色较深、蜡质层较厚，即美味猕猴桃的抗旱能力强于中华猕猴桃。另外，高温干旱地区选出的品种，抗旱性强，如源红、金硕等。但无论如何耐旱的品种，都比不上苹果的耐旱性。

（四）光　照

多数猕猴桃属于中等喜光性树种，喜半阴环境，对强光照射比较敏感，要求日照时间为1 300～2 600小时，喜漫射光，忌强光直射，自然光照强度以40%～45%为宜。猕猴桃不同树龄期对光照的要求不同，如幼苗期喜阴凉、需要适当遮阴；成年结果树需要良好的光照条件才能保证生长和结果的需要，光照不足则易造成枝条生长不充实，果实发育不良等。

（五）土　壤

猕猴桃对土壤适应性较强，冲积土、黄壤、红壤、黄褐壤、黄棕壤、棕壤、灰褐色森林土、乌沙土、黄沙土都能生长，尤其喜欢土层深厚、保水排水良好、肥沃疏松、腐殖质含量高的沙质壤土。对土壤酸碱度的要求，以酸性或微酸性土壤表现良好，最适 pH 范围在 5.5～6.5。在中性（pH 为 7）或微碱性（pH 为 7.8）土壤上也能生长，但树体生长期常出现黄化现象，生长相对缓慢。

（六）风

猕猴桃嫩梢长而脆，叶大而薄，易遭风害。春季干冷风常使枝条干枯、折断；夏季干热风常使叶缘焦枯、叶片凋萎，严重影响树体的生长发育。

四、生态适宜区

我国很多地区具备生产优质猕猴桃的生态条件。例如，安徽省岳西县地处大别山区，该县在海拔 500～800 米的山区种植猕猴桃，在不施用膨大剂、良好授粉、合理疏花疏果（即疏除畸形果，保留中心果）、套袋、合理施肥等措施下，金魁品种果形端正，解决了一般条件栽培下果个不整齐、畸形果多的缺陷，平均果重约 100 克，果实可溶性固形物含量达 22%，最高达 25%。显示我国具备生产国际水平优质猕猴桃的可能性。

我国陕西关中和渭河以南的广大地区降水较多，冬季无严寒，又有适度的低温，非常适于商业栽培美味猕猴桃和中华猕猴桃。在此区域内，海拔 500～1 200 米的山区降水量更为充沛，空气湿度大，更有利于猕猴桃的生长；并且这些山区昼夜温差大，有利于光合产物糖分的积累；而整个环境无污染源，具备生产安全优质猕猴桃的生态条件。我国南方广袤的山区有着发展无公害优质猕猴桃

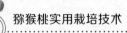
的巨大潜力，在生态条件不是很理想的上海市生产的猕猴桃，其内在品质也已经超过新西兰所产的海沃德猕猴桃。上海市产的米良一号可溶性固形物含量达 16%，金魁达 18%；而新西兰的海沃德只有 14%～15%；米良一号和金魁每 100 克果肉维生素 C 含量都超过100 毫克；而新西兰的海沃德约为 80 毫克。如果在优良生态区，严格按照生产无公害优质猕猴桃的操作规程进行生产，这些地区生产的猕猴桃的品质将可大大超过新西兰相同品种的猕猴桃。

第四章

猕猴桃苗木繁育

伴随农业产业结构调整步伐的加快，猕猴桃产业进入快速发展的时期，种植面积迅速扩大。产业的发展需要大量优良品种的苗木。该树种为肉质根系，对土壤水分、空气等环境条件较为敏感，环境适应性差，所以建园相对葡萄等树种难度较大。优质苗木是猕猴桃高标准建园的基础，苗木质量的好坏不仅直接影响到树体生长的快慢、结果的早晚、产量的高低、果园整齐度以及树体的适应性和抗逆性，而且也代表着产业发展水平。

一、苗圃地选择确定

（一）苗圃地选择

圃地的选择是壮苗培育的主要技术环节之一。猕猴桃植物喜微酸性土壤，根系是肉质根，怕涝怕旱，积水过多会引起根腐病。细菌性溃疡病是一种严重威胁猕猴桃生产和发展的毁灭性病害，其发生具有范围广、传播快、致病性强、防治难度大等特点，可在短期内造成大面积树体死亡，现已被列为中国森林植物检疫性病害，因此绝对不能在溃疡病疫区进行猕猴桃苗木繁育。种植带有线虫侵染的苗木会导致植株矮小，新梢短而细弱，叶片黄瘦易落，挖根可见根系大量板结，受害植株根系较正常根短，分权少，特别是吸收类毛细根明显较少，养分吸收能力降低，致病严重的树体后期可引发根系腐烂；根结线虫会随苗木进行传播。因此严格检疫，抓好培育无病苗木，调种苗时严格检疫，可防止病虫传播蔓延。

基于上述，对狝猴桃苗木繁育的苗圃地选择较为严格。要求：圃地无检疫性病虫害和环境污染，交通便利；背风向阳，地势平坦，排灌方便，地下水位在 1.5 米以下；疏松肥沃的沙壤土或轻黏土，pH 6～6.5；远离老狝猴桃园及病虫重发区 500 米以上，并有一定地理隔离条件，不能重茬。

（二）母本园和采穗圃的建立

另外，还要选择无病毒、无检疫性病虫害的狝猴桃苗定植在母本园和采穗圃中，用于接穗种条的采集。

（三）苗圃地整理

有线虫地块，可用阿维菌素等等方法进行土壤处理。在繁殖区施优质有机肥，翻入耕作层，耙平后做畦。畦东西走向，长 20～25 米，宽 0.8～1 米，高 0.2 米，畦沟宽 0.3 米。要求畦面平整，畦土精细。

二、实生苗木培育

（一）砧木选择

种子萌芽的好坏，取决于品种间的差异、种子的来源、种子的贮藏处理和萌芽的条件。中国农业科学院郑州果树研究所进行了不同狝猴桃品种种子萌芽率与成苗率的比较研究（表4-1）。可见，总体上美味狝猴桃萌芽率和成苗率高于中华狝猴桃，狝猴桃种子成苗率较低。因此，在作实生砧木培育时，应充分考虑到种子萌芽率及成苗率。

表 4-1 不同猕猴桃品种种子萌芽率与成苗率

种	品　种	采收期月/日	种子总数/粒	萌芽种子数/粒	萌芽率（%）	播种粒数/粒	成苗数/株	成苗率（%）
美味猕猴桃	米良1号	10/12	200	160	80	160	27	16.9
	海沃德	11/12	200	124	62	124	43	34.7
	秦　美	10/30	200	101	50.5	101	21	20.8
	徐　香	10/12	200	46	23	46	23	50
	小　计		800	431	53.9	431	114	26.5
中华猕猴桃	武植5号	10/12	200	25	12.5	25	12	48
	早　鲜	9/5	200	13	6.5	13	5	38.5
	红　阳	9/5	200	74	37	74	7	9.5
	琼　浆	9/5	200	4	2	4	0	0
	小　计		800	114	14.3	114	24	20.7
总　计			1 600	545	34.1	545	138	25.3

同时，该所针对不同种和品种猕猴桃种子萌芽与时间的关系进行了研究。图4-1显示了中华猕猴桃和美味猕猴桃的萌芽率与时间的关系。可见，虽然中华猕猴桃从催芽到开始萌芽所需时间并不短于美味猕猴桃，但是以后美味猕猴桃品种萌芽势明显较中华猕猴桃强；随着催芽时间的延长，中华猕猴桃和美味猕猴桃萌芽率均有上升趋势，而中华猕猴桃萌芽种子数量增加不大。

因此，在砧木选择时，宜选用种子发芽率、成苗率高的美味猕猴桃，或其他抗性强的种或同种作砧木。要求砧木生长健壮，根系发达，与接穗品种嫁接亲和力强，抗病虫害能力强，适应当地气候和土壤条件。

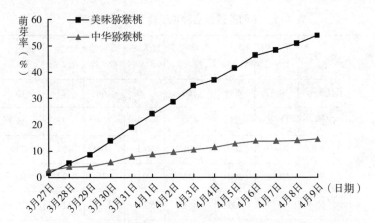

图 4-1　中华猕猴桃和美味猕猴桃的萌芽率与时间的关系

（二）种子采集和处理

采集充分成熟的果实，采收后自然存放，待软熟后立即洗种、阴干。种子最常用的是沙藏处理，即种子先用清水浸泡一夜后，用 1% 浓度高锰酸钾溶液消毒 20～30 分钟，空干后以 10～20∶1 的比例掺入湿河沙拌匀，装入瓦器或布袋等容器中，埋在地势高燥的背阴处 60 天左右，期间保持温度 -3℃～7℃、湿度 50%～60% 为宜。另外，GA_3 能促进细胞分裂和分化组织发生，影响胚轴生长及促进子叶的伸展。GA_3 可用来打破种子休眠，促进早期幼苗生长，在生产实践中应用较多。鲁松等（2012）研究了温度及赤霉素处理对峨眉山野生猕猴桃种子萌发的影响，通过低温层积、变温、GA_3 及各组合处理后的试验结果表明，低温层积、变温、GA_3 都能有效打破种子休眠，促进萌发，物理温度处理法效果可能更好，因此也可采用变温处理来提高种子发芽率。一般在 50% 左右的种子露白时进行播种。

关于种子沙藏时间，杨斌（2012）用饱满健康的野生美味系猕猴桃种子进行沙藏天数 30、40、50、60、70、80、90 天的梯度处理，认为沙藏 50～70 天效果最佳。

（三）播　种

可在日均温度11℃～12℃时播种，每平方米播种量一般为3～5克。播前浇透水，待土壤墒情适宜时播种。宜采用条播法，先开出行距10厘米、深0.2～0.5厘米的沟痕，把层积处理过的种子带沙均匀地撒播在条沟中，播后盖上0.2～0.3厘米细肥土，并盖上一层稻草，以保持湿度。

（四）播种后管理

1. 保暖遮阳　种子播种后要进行搭拱棚草苫或覆盖塑料薄膜来保墒、保湿、保温。当出苗达30%时，选择阴天或傍晚逐渐揭去部分覆盖物；出苗达50%时，可将覆盖物全部揭去。在揭开覆盖物后，要及时架设遮阳网，透光度50%～60%。

2. 浇水、除杂草　播种后要保持育苗地土壤湿润，前期以喷洒水为主，当长出3片叶以上时可直接浇灌，保持土壤湿度70%～80%为宜，要做到苗地内无积水，并及时清除杂草。

3. 施肥　幼苗长出2片真叶后，每15天喷施1次0.2%磷酸二氢钾或0.25%尿素溶液，5片叶以上时可结合浇水进行土壤施肥，每667米^{2}施尿素或磷酸二氢钾5～7.5千克。

4. 移栽　当幼苗长出3～5片真叶时进行间苗移植。移苗前后应各浇水一次，应在傍晚和阴天进行移苗，随移随栽。间苗移栽密度株距、行距一般为10～15厘米×20～25厘米。基质最好混有一定比例的泥炭土。控制苗圃中杂草生长，及时拔草。待砧苗高30～40厘米时摘心，及时抹除苗木基部的萌芽和侧枝。

三、嫁接苗木培育

（一）接穗采集

从采穗圃或生产园中选择品种纯正、生长健壮、结果正常、无检疫性病虫害的母株，采集 0.4～0.8 厘米粗、枝节短、腋芽充实饱满、木质化程度高的 1 年生春梢为接穗。一般结合冬季修剪进行采集，按 50～100 枝绑成一捆，挂上品种标签，进行沙藏。夏、秋季嫁接应进行保湿，做到随采随用。

（二）砧木标准

最好选择根系完整，有 3～5 个饱满芽，无病虫害，无机械损伤，无冻害，无干枯等，与接穗品种亲和力强的植株。地径 0.6～0.7 厘米、距地面 5 厘米处的粗度 0.5～0.6 厘米时进行嫁接。

（三）嫁接时期

一般避开伤流季节和最热的时间均可以嫁接，但以萌芽前和 5～6 月份嫁接成活率较高。

（四）嫁接方法

春接宜采用单、双芽枝接法，夏、秋季多采用单芽枝腹接法或带木质部芽接法。

（五）嫁接苗管理

1. 剪砧及抹除砧蘖　采用单芽枝腹接法或带木质部芽接法的嫁接苗成活后应立即剪砧，剪口离接芽 3～4 厘米，砧木上萌蘖应及时抹除。

2. 解绑　接穗嫁接部位完全愈合、新梢半木质化以后，及时解去嫁接时的绑扎带。在不影响接芽生长的前提下，解绑愈晚愈好。

3. 立支柱或牵引　当接芽长到一定高度时，需在接芽附近的土壤中作立柱，引缚护苗，绑缚时使用 "∞" 字形活结。

4. 土肥水管理　经常保持育苗地土壤湿润，土壤湿度在 70%～80%。有积水时要及时排出，及时中耕除草，根据苗木长势进行叶面喷肥或结合中耕除草、浇水等进行追肥，用尿素或磷酸二氢钾进行叶面施肥，浓度不得超过 0.3%，土壤追肥时每 667 米²每次施入尿素或磷酸二氢钾 7.5～10 千克，9 月上旬停止施肥，以促进苗木木质化。

5. 摘心 当接穗抽条长至 5～7 个叶片或 50～60 厘米时进行摘心，以促进组织充实生长和苗木粗壮。

四、软枣猕猴桃组培苗培育

软枣猕猴桃在生态农业中推广迅速，特别是在观光果园和采摘园中很受欢迎，具有较好的市场前景。该品种亟需大量的苗木，而传统的嫁接繁殖不能满足市场需求。因此研究软枣猕猴桃的离体再生体系无论对生产还是科学研究都非常必要。关于软枣猕猴桃组织培养的研究最早的报道是 1981 年洪树荣采用软枣猕猴桃茎段诱导愈伤，此后张远记、朱道圩、刘长江等采用软枣猕猴桃叶片、茎段、茎尖分别进行组织培养（张远记等 1996，朱道圩等 1997，刘长江等 2009），目前已有魁绿品种的组培微繁技术体系（胡皓等 2011）。由于猕猴桃基因型复杂，而组织培养体系又受到基因型的影响（黄宏文等 2013），因此需要针对品种筛选适宜的植物生长物质组合。中国农业科学院郑州果树所自 2010 年开展关于软枣猕猴桃苗木组织培养繁育技术研究，现已建立了包括绿肉软枣猕猴桃和全红型软枣猕猴桃共计约 20 份品种（或种质）的再生体系，并将其培养成了完整植株。为建立软枣猕猴桃再生体系，该所以培育的软枣猕猴桃天源红春季刚发芽新梢茎段为外植体材料，诱导带芽茎段直接出芽并进行增殖以及生根培养，建立了天源红猕猴桃的快速繁殖体系。

（一）外植体取材

生长期取新梢先端茎段，剪成 1 厘米左右带芽茎段（芽下部茎段稍长些）。

（二）外植体消毒

外植体用洗洁精洗净，在流水下冲洗 1～2 小时。在超净工作台上，外植体经 75% 酒精和升汞消毒，消毒后用无菌水冲洗两次，置于 0.1% 升汞中消毒，无菌水冲洗 4～5 次。

（三）茎段腋芽萌发

将带芽茎段接种至 MS+6-BA 0.5 毫克 / 升 +IBA 1 毫克 / 升培养基上。

（四）不定芽增殖

将带芽茎段腋芽萌发产生的不定芽长至 1～2 厘米时，转移到 MS+ZT 1 毫克 / 升或 MS+6-BA 2 毫克 / 升 + 吲哚丁酸 0.5 毫克 / 升培养基上进行增殖培养。

（五）根的诱导

将诱导产生的大于 2 厘米的不定芽接种于 1/2 MS+ 萘乙酸 0.2 毫克 / 升培养基中进行生根培养。

（六）炼苗与移栽

从生根培养到幼根长至 1 厘米左右时，将组培瓶移入日光温室炼苗，遮阴 3 天不开瓶口，拧松瓶口放置 1 天，将瓶口敞开 2 天，之后进行移栽，控制气温不超过 30℃，空气相对湿度在 90% 以上。移栽所用基质配比为珍珠岩∶泥炭∶细沙 ＝1∶1∶1，并用多菌灵消毒晾干。

五、软枣猕猴桃自根营养系苗培育

（一）扦插种条的准备

扦插种条采集方法同嫁接苗接穗采集，同时，绿枝扦插种条要达到半木质化。

（二）插条处理

无论硬枝扦插还是绿枝扦插均应先把穗条剪成 15 厘米左右长，插条上剪口距离上端芽眼 1～1.5 厘米，上剪口平剪；下端剪口斜剪，要求剪口平滑、不开裂。绿枝扦插时，上剪口以下 1～1.5 厘米范围要有 1 个叶（1 个芽眼），并剪去叶片 2/3，以防插条由于叶片蒸腾而造成大量失水。截取的插条每 20 个捆成 1 捆，下端敦齐，插条下端 3～5 厘米浸泡一定时间的植物生长调节剂，如绿枝扦插可采用萘乙酸 50 毫克 / 升处理 2 小时等；硬枝扦插可采用 200 毫克 / 升的萘乙酸钠或吲哚乙酸水溶液处理 24 小时、3 721 生根液 200 倍液浸穗 2 小时或 50 倍液浸穗 30 秒等处理方法。

（三）扦 插

扦插前一天晚上，将苗床灌足底水。扦插株距 10 厘米，行距 20 厘米，扦插时插条呈 45° 斜插，扦插不宜过深或过浅。绿枝扦插时，插条上端保留叶的叶腋高出苗床 1 厘米左右为宜；硬枝扦插深度为插条上端芽眼处于床面以下 1 厘米至平于床面的范围为宜。插后，要压实插穗基部土壤，并立刻对苗床再次灌水，使插条与土壤密接。

（四）扦插后的管理

插后 1～1.5 个月内，要保持苗床处于湿润状态；苗床须进行遮阴；新梢抽出 5～10 厘米时，选留一个粗壮枝，其余抹掉；新梢生长到 30 厘米左右时，立杆拉绳绑缚新梢生长。

六、病虫害防治

种子播种实生苗，要预防苗木立枯病、猝倒病及地下害虫发生；立枯病、猝倒病可用 65% 代森锌可湿性粉剂 500 倍液等药剂进

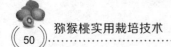

行预防；蛴螬、蝼蛄等地下害虫可用80%敌百虫可湿性粉剂0.05毫克与炒香豆饼5毫克，对水适量后配成毒饵，进行诱杀等。

七、苗木出圃、保管、包装和运输

（一）出圃和保管

起苗既可以在秋季土壤结冻前进行，也可在春季土壤解冻后、苗木萌芽前进行。起苗后应对苗木进行修剪，剪去过长或受伤的根系。结冻前起的苗要注意苗木的越冬保管工作。通常保管要在保持一定湿度的假植沟内。假植沟应选择背风、向阳、高燥处，沟宽50～100厘米，沟深和沟长分别视苗高、气象条件和苗量决定。挖两条以上假植沟时，沟间距离应在1.5米以上。沟底铺10厘米厚湿沙或湿润细土，苗梢朝南，按砧木类型、品种和苗级清点数量，做好明显的标志，斜埋于假植沟内，填入湿沙或湿润细土，使苗的根、枝梢与沙土密接不透风。苗木无越冬冻害或无春季抽条现象的地区，苗梢露出土堆外10厘米左右，反之应埋入土堆以下10厘米。冬季多雨雪的地区，应在假植沟四周挖好排水沟。

（二）包　装

苗木运输前，应用稻草、草苫、蒲包、麻袋和草绳等包裹捆牢。每包50株，或根据用苗单位要求的数量进行包装，包内苗干和根部应填充保湿材料，达到不霉、不烂、不干、不冻、不受损伤。长途运输时，包装前应在苗木根部蘸上泥浆。包装内外应附有苗木标签。雌雄株比为6～8∶1，雄株苗单独包装，并标注准确、清晰的标签。

（三）运　输

苗木运输应注意适时，萌发后枝条在运输途中相互摩擦碰掉芽体运输途中应有帆布篷覆盖，做好防雨、防冻、防抽条、防火等工作。到达目的地以后，应及时安排接收苗木，并将其尽快定植或假植。

第五章

科学建园

一、园址选择与设计

（一）园址选择

1. 气候和土壤条件　商品生产基地的选择，首先要参考当地的自然气象和土壤资料。除东北地区选育软枣猕猴桃外，其他常规猕猴桃园地最好选择在年平均温度15℃左右，极温不低于 –10℃、不高于 36℃；气候温暖湿润；年降水量要求在 1 200～2 000 毫米；无霜期 240 天左右；海拔在 400～1 000 米的地方。

宜选择土层深厚，土质疏松肥沃，土壤 pH 为 5.5～6.5，即呈中性或偏酸性的沙土或壤土建园。土质疏松但有机质缺乏的红黄壤地区，经过改良后可以种植猕猴桃树；土层太薄、土壤过于黏重、缺乏腐殖质的土壤不宜发展猕猴桃；重盐碱地区不宜种植猕猴桃；易发生霜害地区也不宜建园。此外，园区地下水位应在 1.2 米以下。水源匮乏或地下水位极高的区域不适宜建猕猴桃果园。

2. 位置　尽量选择交通方便、靠近水源（如水库、河流、渠道等）及远离大型工厂的地区；搞休闲果园时，要充分考虑客源市场等因素；山谷低洼地、霜冻较严重且易积水之地，不宜建园；高海拔地区猕猴桃易受冻害、易诱发溃疡病，也不宜建园。

3. 地形、地势　建园时，最好选择平地，方便机械化操作和管理维护；山地建园选择坡向最好为背风向阳的地段，且坡度宜选小于25°的地块，以利于水土保持，且便于农事操作；丘陵地建园要具备灌溉条件，而且要做好果园排水工作。实际上，完全满足以上条件的地方并不多，但具有排灌条件且气候适宜的地区，也可以作为栽培地点。

（二）果园设计

1. 绘图 对于所选地块，若是平（缓）地应绘出平面地形图，图中标出原有的道路沟渠、距离等；若是坡地则应绘出等高线图，同样标出道路沟渠等。

2. 果园规划 猕猴桃是多年生产的果树，所以应充分利用当地有利的自然条件和资源，在建园之初就应合理规划、布局。根据地形图，在园区先规划出小区、道路、排灌系统、防风林、工具房等附属建筑；再划出种植区及种植的行向等。

（1）**小区** 园地面积较大时应划分作业小区。小区面积要根据地形、土壤、果园规模以及机械化程度而定。同一小区内尽可能使土质及小气候一致，地形及小气候复杂的小区面积应小，一般为1～2公顷；平地小区面积大些，为2～4公顷或更多。小区形状以长方形为宜，便于机械化操作，尽可能使小区的长边与有害风方向垂直，山地小区的长边与等高线平行，以便于作业及水土保持。

（2）**道路** 大型果园的道路分为三级：主干道、支路、小路。主路要求位置适中，贯穿全园，且与园外公路相连。支路是连接各小区与主干道的通路，如果小区面积较大，可在小区内留小路。主干道一般宽6～8米，能通过大型汽车；支路4～6米，能通过小型汽车和农耕机械，支路一般为小区的分界线；小路宽1.5～2.5米，主要为人行道，能通过大型喷雾器。山地果园的主路可环山而上或呈"之"字形。顺坡的主路或支路可设在分水线上，不要设在集水线上。

（3）**排灌系统** 猕猴桃树抗涝、抗旱性均比较差，所以一定要做到旱能灌、涝能排。在果园规划中，水源是首要解决的问题。果园内的排灌系统应尽量与道路、防护林网相结合，以节约用地且不妨碍交通为宜。下面以山地果园和平地果园为例来介绍各自的排灌系统及特点。

山地果园最好在上坡设有拦水沟与蓄水池，这样雨季既可蓄水，又可顺坡排灌。灌溉时可采用沟灌，有条件的地方可采用喷灌、滴灌等。灌溉时最好从水库引水，或在每一山头修蓄水池，引水灌园（蓄水池的大小根据园地面积和灌溉方式而定）。山地果园的排水，主要是采用等高撩壕的方式，或在梯田内侧设排水沟，并使排水沟与灌溉渠道相通。在坡度较大的浅山和梯田果园，排灌系统要分级设跌水，防止因水流过猛而毁坏设施。

平地果园有明沟和暗渠两种排水系统。明沟的特点是树间浅沟，园周深沟，沟深度一般为 50～70 厘米；而暗沟排水则是在地下埋设塑管或混凝土管等，形成地下排水系统，不占园地，更便于果园机械操作。

（4）防风林　大型猕猴桃园的防风林一般包括主林带和副林带，原则上要求主林带与当地有害风或长年大风的风向垂直。如果因地势、地形、河流、沟谷的影响，不能与主要风向垂直时，可以倾斜 25°～30°，但超过此限，防风效果会大大降低。对于小型猕猴桃园，可无主、副林带之分，而只设环园林。

防风林的主林带一般设在主干道与干道两侧，主干道旁栽树 6～8 行，干道栽 3～6 行；副林带设在小区间，为 2～3 行。面积较大的小区，副防风林带间每 20～25 米设一道由竹竿、高秆秸秆和木本树枝组成的临时防风篱。防风林带一般距果园 5～7 米，与果园之间用深沟隔开，以防止林带树种根系向果园内生长。防风林带应以乔、灌木结合为宜，乔木与灌木之比为 1～2∶1。

防风林树种应选择具有较高经济价值的，与猕猴桃树种没有共同病虫害，且所选树种的花期与猕猴桃的花期不能重合，以免影响猕猴桃的授粉和坐果。防风林带最好是生长快、寿命长、树冠紧凑、根系分布深的乔木树种与矮小密生的灌木树种相结合的形式。猕猴桃园常用的乔木树种有白杨、水杉、木麻黄、云杉、柳、香椿、松等；灌木可选择铁篱寨、冬青、黄杨等。防风林要在猕猴桃植株定植前就栽好，或者同时栽种，以便及早发挥防风作用。

（5）园内的附属建筑　如果果园作为一个较完整的生产企业，进行长时间经营，那么果园内就需要规划和建造必要的管理用房与生产用房。果园辅助建筑物一般包括办公室、车辆室、工具室、肥料农药室、配药室、包装室、休息室等。其中，办公室、包装室、配药室等均应设在交通方便和有利作业的地方；休息室及工具室则设立在2～3个小区的中间，靠近干路和支路处。此外，在山区应遵循量大而沉重的物品"由上而下"的原则。例如，配药室应设在较高的地方，以便药品由上而下运输或者沿固定的沟渠自流灌施；包装场、果品储藏室等则放在较低的地理位置处。

二、优质苗木的选择和授粉树配置

（一）适宜品种的选择

猕猴桃果实从使用用途上可分为鲜食型和加工型。这两种不同的用途对果实品质的要求也不尽相同。通常果实品质包括果实大小、果皮有无毛、可溶性固形物含量、果肉质地、果实硬度、芳香物质、果实含糖量、含酸量、维生素含量、特殊物质含量、口感、微量元素含量、贮藏性等。对于猕猴桃，可溶性固形物含量为最基本的衡量标准。可溶性固形物通常是指可滴定酸、可滴定糖、可溶性无机和有机化合物如可溶性蛋白质、氨基酸、维生素等的总量。鲜食猕猴桃一般要求其可溶性固形物含量在13%～16%范围。可溶性固形物含量在12%以下者为低，口味较淡；在14%以上者为适中，口味较好；在20%以上者为过高，口味过甜而腻，不适合鲜食。另外，对于鲜食型品种，当可滴定酸含量小于0.8%时口味较淡；在 1%左右时，酸甜适度；大于 1.2%时，味道偏酸。对于加工型品种，要求可滴定酸含量在 1%以上。

目前，猕猴桃产业发展迅速，虽然发展前景比较乐观，但是如何在竞争中立于不败之地，产生最大的经济效益是广大种植户最为关心的问题。适宜品种的选择是猕猴桃高产优质的基础，适应性强弱是品种选择时应充分注意的问题。猕猴桃生长发育对环境条件要求很高，各种不利的生态因素对果实产量和品质都会造成不同程度的影响。例如，陕西等北方产区低温来得早，温度低且变化剧烈，冬、春低温时间长，降水偏少，空气干燥，使得原产长江流域的中华猕猴桃优良品种在该地区抗性表现较差。因此，宜选择本地筛选出来的、抗逆性较强的品种，如因抗逆性强而著称的秦美猕猴桃，很长时间以来一直是陕西省的主栽品种，但是该品种口感一般，逐渐被当地选育的翠香、华优等替代；原产四川省的红阳在此地树势表现较弱，就从当地的红阳猕猴桃中筛选出了其芽变系晚红，该品种比红阳具备更好的适应当地环境条件的能力。因此，选择适应性强且适于当地生产的品种是可持续发展的基础。

品种选择的时候，还要尽量考虑市场需求。猕猴桃果品以鲜果销售为主，则鲜果应占总产量的 70%左右。品种选择时应以销售鲜果为目标，并考虑不同的市场需求。我国广大南方地区，城市较大、数量较多、人口集中、经济发达，是猕猴桃鲜果的主要目标市场，该区域的绝大部分消费者喜好甜、甜香、甜微酸猕猴桃品种，北方市场则偏重于酸甜香型品种。

良种区域化栽培是实现猕猴桃高产优质栽培的重要条件。在区域选择研究领域，国外成功的经验可为我们提供借鉴。新西兰地处温暖湿润的气候区，一直被认为是猕猴桃的最适栽培地区，该国猕猴桃主要产区的气候特征是：年平均气温 12.5℃～15.2℃，没有明显的高温或低温逆境；年均空气相对湿度 72%～80%，日照充足，无霜期 260 天以上；大多数地区的年降水量在 1 200 毫米以上且分布均匀，在降雨较少的地区均有良好的灌溉措施。优越的气候条件与先进的现代化管理技术为该国猕猴桃高产优质栽培提供了保证，也是其雄居世界猕猴桃产业主导地位的原因。意大利主产区在该国北部和中部，法国则集中在南部和东南部地区如加龙河、多尔多涅河等河谷地带种植。美国主要以加利福尼亚州为集中发展地区。日本、智利、希腊、澳大利亚等国家也都是选择相对最适区域集约栽培，同时采用先进的栽培管理技术，都获得了成功的栽培。我国像陕西、河南、四川、湖南、贵州、湖北、湖南等猕猴桃发展较快的地区，应该根据省份的气候特点，形成自己的特色，而不是看其他人种什么品种也跟着种什么品种。猕猴桃最大的一个特点，就是具有地区适应性，在其他地区表现优秀的品种，在自己的地区种植不一定表现优秀，所以千万不可盲目推广新品种和效仿不同气候地区的种植品种。只有确定适应本地的气候条件才可以放心大量发展。例如，四川省选育的红阳在四川等地区栽培时，会表现出较好的商品属性，但是在河南省西峡县以及陕西省周至县等地区栽培的时候，表现出树势弱、产量低、果实小、不抗溃疡病、红色性状不稳定等不良性状，所以应慎重发展。

　　猕猴桃是典型的呼吸跃变型浆果，皮薄、多汁，容易腐烂，俗言有"七天软，十天烂，半月之后坏一半"之说。所以，形成地方特色品种的时候应注意避免只发展一个品种，要早、中、晚熟合理搭配。一般猕猴桃早、中、晚熟三个品种的比例大致为 10∶15∶75。但同一园内品种也不宜过多，生产园不是品种园，每一品种都要有一定规模的生产量。早、中、晚熟有机结合是可以实现市场占有、鲜果供应时间长、缓解采收、销售压力和劳动力分配的有效途径。另外，在品种规划，确立主栽品种的时候，尽量避免与其他地方主栽品种一致，否则会导致单一品种产量高，销售压力大的现象发生，而且也容易引起病虫害的大流行。要坚持适度规模发展，避免多、杂、乱现象的出现。

（二）猕猴桃苗木标准

苗木是从事果树生产最基本的生产资料，其质量的优劣，将直接涉及到种植户效益。优良品种要在生产上充分发挥增产、增收效益，高产栽培技术要取得预期成果，都是以高质量的苗木为基础条件的。优质苗木是猕猴桃高标准建园的基础，苗木质量的好坏不仅直接影响到树体生长的快慢、结果的早晚、产量的高低、果园整齐度以及树体的适应性和抗逆性，同时也代表着产业发展水平。中国农业科学院郑州果树研究所主持修订的中华人民共和国国家标准《猕猴桃苗木》（GB 19174—2010）于2011年1月发布实施，现将种植户在日常询问较多、不太熟悉的术语和定义转录于此。

1. 实生苗　指用种子繁殖的苗木，主要用于实生砧木苗和杂交育种实生苗的培育。

2. 自根营养系苗　指用扦插、分株、压条或组织培养方法繁殖的苗木。

3. 侧根数量　指实生苗主根或自根营养系苗地下茎段直接长出的侧根数。

4. 侧根粗度　指侧根距主根或茎基部2厘米处的直径大小。

5. 苗干高度　实生苗和自根营养系苗指根颈部以上木质化苗干部分的长度；嫁接苗是指根颈部至嫁接品种茎干木质化顶端芽基部的距离大小。

6. 苗干粗度　苗干指定部位的直径大小。当年生实生苗和自根营养系苗指根颈部以上5厘米处芽节间苗干直径大小；二年生实生苗和自根营养系苗指根颈部以上160厘米处芽节间苗干直径大小；嫁接苗指嫁接部位以上5厘米处芽节间苗干直径大小。

7. 嫁接部位　砧木与接穗的结合部位。低位嫁接在根颈部以上5～10厘米处，高位嫁接在根颈部以上150～160厘米处。

另外，该标准中详细规定了猕猴桃苗木质量各等级的最低要求（表5-1），并且提出检测时不允许使用三年生及以上的苗木。

表 5-1　猕猴桃苗木质量标准

项　　目		级　别		
		一　级	二　级	三　级
品种与砧木		品种与砧木纯正。与雌株品种配套的雄株品种花期应与雌株品种基本同步，最好是同步。实生苗和嫁接苗砧木应是美味猕猴桃		
根	侧根形态	侧根没有缺失和劈裂伤		
	侧根分布	均匀、舒展而不卷曲		
	侧根数量 / 条	≥ 4		
	侧根长度 / 厘米	当年生苗 ≥ 20.0，二年生苗 ≥ 30.0		
	侧根粗度 / 厘米	≥ 0.5	≥ 0.4	≥ 0.3
苗干	苗干直曲度 / 度	≤ 15		
	高度　当年生实生苗（厘米）	≥ 100.0	≥ 80.0	≥ 60.0
	当年生嫁接苗（厘米）	≥ 90.0	≥ 70.0	≥ 50.0
	当年生自根营养系苗（厘米）	≥ 100.0	≥ 80.0	≥ 60.0
	二年生实生苗（厘米）	≥ 200.0	≥ 185.0	≥ 170.0
	二年生嫁接苗（厘米）	≥ 190.0	≥ 180.0	≥ 170.0
	二年生自根营养系苗（厘米）	≥ 200.0	≥ 185.0	≥ 170.0
	苗干粗度 / 厘米	≥ 0.8	≥ 0.7	≥ 0.6
	根皮与茎皮	无干缩皱皮，无新损伤处；老损伤处总面积不超过 1 厘米^2		
嫁接苗品种饱满芽数 / 个		≥ 5	≥ 4	≥ 3
接合部愈合情况		愈合良好。枝接要求接口部位砧穗粗细一致，没有大脚（砧木粗，接穗细）、小脚（砧木细，接穗粗）或嫁接部位凸起臃肿等现象；芽接要求接口愈合完整，没有空、翘现象		
木质化程度		完全木质化		

续表 5-1

项　目	级　别		
	一级	二级	三级
病虫害	除国家规定的检疫对象外，还不应携带以下病虫害：根结线虫、介壳虫、根腐病、溃疡病、飞虱、螨类		

注：苗木质量不符合标准规定或苗数不足时，生产单位应按用苗单位购买的同级苗总数补足株数，计算方法如下：差数（%）=（苗木质量不符合标准的株数＋苗木数量不足数）/抽样苗数×100，补足株数＝购买的同级苗总数×同级苗差数百分数（%）。

（三）授粉品种的选择

现有的猕猴桃栽培品种绝大多数为雌雄异株。因此，建园时除了选好适应当地的优良雌性品种以外，还必须同时选择与其相配的雄性品种。选择搭配的原则为：雄性品种的花期范围与雌性品种相同或稍宽，且雄性品种花量大、花粉量大，花粉萌芽率高，与雌株亲和性好，授粉后雌株能较好地受精、坐果。虽然用亲和性不太好的雄性花粉授粉后，雌株有时也能坐果，但是成熟后果实较小、瘪种较多，严重影响其商品价值。雌雄配置比例为雄：雌 =1：5～8，定植方式见图 5-1；也可在每株雌株上嫁接 1 枝雄株枝蔓，授粉效果更佳，也节约土地。

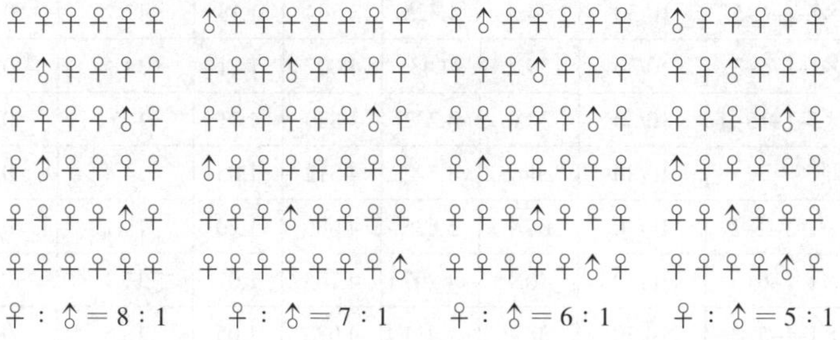

♀：♂ = 8：1　　♀：♂ = 7：1　　♀：♂ = 6：1　　♀：♂ = 5：1

注：♀ 为雌株，♂ 为雄株

图 5-1　猕猴桃雌雄配置比例为雄：雌 =1：5～8 的定植方式

如果园地周围防风林带或附近其他果园，存在与猕猴桃花期相同的树种，会影响其授粉效果。因为猕猴桃的花属风媒花和虫媒花，在花期无风时主要靠昆虫（特别是蜂类）传粉。但其雌、雄花的蜜腺均不发达，对蜂类的吸引力比有蜜腺的树种差，如周边有花期相同的其他果园（如柑橘园）、防风林和花草等，则蜂类等传粉的昆虫会被引走而影响猕猴桃的传粉。所以，在建园选址时一定要尽量避免上述情况，同时也要适当增加园内雄株的配比。

花粉直感，是父本花粉对种子和果实的直感效应。2006 年笔者就生产上常用的 3 个猕猴桃即哑特、秦美、徐香，分别选用 4 种美味猕猴桃花粉进行人工点授，以自然授粉为对照，建立 15 个授粉组合（表 5-2），旨在研究花粉直感现象在猕猴桃树种上的表现。研究表明，猕猴桃在果实坐果率、单果重、可溶性固形物、横径、纵径、果形指数、硬度、果实形状等方面表现出明显的花粉直感效应。所以我们建议，在授粉的时候应尽量选择具有良好的直感效应的花粉。

表 5-2　不同品种授粉对果实内外观品质的影响

处　理	采收期（月/日）	单果重（克）	纵径（厘米）	横径（厘米）	果形指数	可溶性固形物（%）	硬度（千克/厘米^2）
秦美×I-3-2-2	10/30	57.3	5.286	4.587	1.15	14.3	0.63
秦美×I-1-6-5	10/30	34.3	4.325	3.844	1.13	13.7	0.59
秦美×I-1-5-3	10/30	39.2	4.43	4.007	1.11	14.1	0.66
秦美×I-1-15-4	10/30	33.0	4.232	3.829	1.11	14.6	0.64
对　照	10/30	44	4.522	4.312	1.05	14.4	0.54
哑特×I-3-2-2	10/30	68.9	5.635	4.686	1.20	19.1	0.62
哑特×I-1-6-5	10/30	40.9	4.207	4.165	1.01	17.1	0.62
哑特×I-1-5-3	10/30	38.4	4.211	4.025	1.05	18.5	0.67
哑特×I-1-15-4	10/30	57.6	5.011	4.425	1.13	18.9	0.68
对　照	10/30	47.7	4.742	4.279	1.11	18.9	0.85

续表 5-2

处　理	采收期 （月/日）	单果重 （克）	纵　径 （厘米）	横　径 （厘米）	果形 指数	可溶性固 形物（%）	硬度（千 克/厘米^2）
徐香×I-3-2-2	10/8	34.3	4.654	3.704	1.26	18.1	0.47
徐香×I-1-6-5	10/8	27.9	4.088	3.346	1.22	19.3	0.57
徐香×I-1-5-3	10/8	21	3.778	3.203	1.18	18.8	0.45
徐香×I-1-15-4	10/8	22.6	3.877	3.285	1.18	18.4	0.42
对　照	10/8	29.8	4.254	3.621	1.17	18.2	0.54

三、定植技术

（一）定植时期

猕猴桃幼苗的最适定植时期为落叶后至翌年伤流前。如果定植后要补苗，可于当年6～8月份选择低温、阴雨天气带土、带叶移栽，定植后对幼苗进行遮阳，可达到较高的成活率。天津、北京等北方地区因冬季寒冷，影响苗木成活率，适宜春栽，以苗木伤流前栽植为宜；南方冬天不会上冻，因此以秋栽为宜；四川盆周丘陵区则以11月初至翌年3月初定植为宜。

（二）定植苗木类型选择

定植的苗木可直接定植品种嫁接苗，也可选用健壮的实生苗栽植后，于当年或翌年嫁接所需的品种。华光安等（2003）在1998年同时进行了魁蜜成品苗直接定植，以及实生苗定植后于翌年春季切接魁蜜品种接穗的栽培模式对比试验。观察结果发现，两种模式定植后的第三年都能投产，但是定植的实生苗与定植的成品苗相比，其产量在第一年和第二年分别提高了110.7%和150%，而且作为试验的魁蜜品种平均单果重增加了11克（表5-3）。

表5-3　两种栽培模式效果比较

项　目	定植的翌年主蔓上架株数（株）	每株结果母蔓数		产　量（吨/公顷）		主蔓上萌蘖数（个）			果实重（克）	含糖量（%）
		2000年	2001年	2000年	2001年	1999年	2000年	2001年		
成　苗	84	5.2	12.1	6.33	12.00	5.2	8	9	91.35	18.17
实生苗	100	15.4	38.6	13.50	30.00	0.3	0.5	0.6	102.28	19.89

通过上述试验可以看出，定植实生苗相比传统定植成品苗更具有提前进入丰产期的优势。实生苗定植第一年，主要是培养强大的根系，以便于吸取、贮存充足的营养。翌年嫁接后，猕猴桃主蔓就可以快速生长，萌芽后第三十五天，枝蔓就可以爬到架面上。而且实生苗通过定植，能达到主蔓直立性的效果。直立的主蔓可为当年形成健康的结果母蔓创造条件，这不仅有利于猕猴桃早期丰产，还能减少抹芽等工作量，以及树体对营养的贮藏。

定植实生苗，最好选择树干生长充实、健壮、无危险性病虫害、根系发达，有15～20条长度在20厘米左右侧根的野生美味猕猴桃实生苗。地径一般在0.5～0.6厘米，于秋末冬初定植，每定植穴定植2株，增加单位面积实生苗存活株数，为嫁接后的早期丰产奠定基础。野生猕猴桃根系虽不及栽培猕猴桃实生苗根系发达，但是其抗逆性强，特别是抗根腐病、黄化等能力较强。

（三）定植方法

定植行向一般以南北行为佳；在山坡地沿水平等高线栽植。

1. 整地　猕猴桃园整地方式因土壤类型和地势等因素而有所区别。平地、缓坡地（坡度≤20°）建园时，要采取撩壕改土（深80厘米，宽1米）或用深翻机全园深翻50厘米以上的方式，并保证翻耕均匀、基底平整、不留硬地、不出现坑洼，尤其对地下水位偏高，长期浅耕操作，较黏重、贫瘠，地表20厘米以下土壤存在"生土层"的地块更应如此；不宜采用挖穴的方式，挖穴定植不利于排水，雨季容易淹水烂根而造成死树。若以漫灌方式浇水，还要平整土地，以防止灌水时形成"跑马水"以及因地面高低不平而造成局部积水或干旱现象。

坡地建园（20°≤坡度≤45°），要采用坡改梯、再聚土起堆的方式进行。改土前，先清除园区内杂草和杂林，使坡面基本平整。使用大型挖掘机将斜坡做成厢面宽4米、内侧稍低的等高梯田，梯田走向应与等高线平行，斜坡面则用机械压实或人工用石头堆砌以防水土流失。然后按照事先确定的株距确定定植穴位置，并用小型挖掘机挖定植穴。山区、丘陵地要沿等高线整平，整平后拉出行线挖定植沟（穴），增加有机肥施用量，以利于灌水、土壤改良、雨季排水及以后的扩穴改土。

黄黏土等土壤较为黏重、透气性不好，要增施圈粪、秸秆作物等有机肥或掺沙来疏松土壤；要挖大穴或通槽，以起到改良土壤的作用。沙土地或石砾河滩地，虽然疏松，但土壤瘠薄，要挖大穴并多施有机肥来增加土壤肥力，保证果树正常生长。河滩地属碱性，多施圈肥，可起到淡化碱性、改良土壤的作用；也可穴施硫磺粉或泥碳土，调节土壤pH。山地土层较浅，也要挖大穴增施有机肥，来增加根系生长的空间，否则很难扎根，形成"小老树"。

中低海拔地区建园，尤其是地下水位偏高或土壤偏黏重的地区建园，刚定植的树，为了浇水方便，保证苗木成活，可沿树行整成一个50～60厘米宽的平畦。待苗木成活稳定后，要想改变这种整地方式，应沿树行起高畦，使树行正好在高畦脊背上的中间，而行间较低。垄沟的深度视地块排水难易和当地雨量而定。排水方便而雨量较少的北方，垄沟深度25～30厘米即可满足排水要求。在排水不便和雨水多的南方，垄沟深度要增加到40厘米以上，如在上海地区，沟深可达50厘米。以后随树体的生长，加宽高畦；2～3年后高畦变成沿树行的高凸起，行间则仅有一条宽40～50厘米、深20～30厘米的沟。灌水时水沿行间流淌，此整地方式会使每次沿行间浇的水渗透到獼猴桃根部，而树根茎颈界处及树盘内无积水，减少因积水而导致的烂根和根部病害的传播。而且，树冠周围的水分是渗透过去的，会使树盘内表土层一直保持疏松状态，从而提高了土壤的透气性。在行间浇水，会增加行间土壤湿度，吸引根系向行间扩伸，扩大根的吸收面积。这样的整地方式还有利于雨季的排水。

2. 开挖定植沟　定植沟一般宽 1 米、深 60～80 厘米。因獼猴桃属浅根性树种，根系扩展的面积比较大，故定植沟或坑应挖宽而不必太深。冬季建园一般于 12 月中旬前挖好定植沟。首先，挖坑时把表土（深 20～30 厘米）和底下的生土分别放在坑的两边。其次，土壤回填前，在沟内先填入 0.2～0.3 米深的玉米秆、麦草或锯末等物。然后，每个定植坑施腐熟的人、畜粪肥 15～20 千克，同时填入表土，并将表土与粪充分混合拌匀，填到秸秆等肥料的上部 0.4 米左右。最后，填生土至高出地面 0.1 米左右，踩实。填满沟后浇一次"塌地水"。在石砾土上挖沟，要一边挖一边将石头捡掉，不要将大石头填到沟内。

3. 定植苗木　我国目前多采用的株行距为 3 米×4 米，每公顷大约栽植 834 株；也有的实行计划密植，行距 4 米，株距 1.5 米；也有的株行距为 3 米×3 米，而新西兰采用行距 6 米，株距 5 米，在我国则很少采用。定植前按照确定的行株距，先测行线，再测株线，株、行线的交叉点即为定植点。

（1）**解绑**　栽苗前对嫁接苗的塑料条要解绑，或用刀片将塑料条纵向划开。

（2）**苗木定干**　嫁接部位以上只选留一个壮枝，其余疏除，并对保留的壮枝选留 2～3 个饱满芽，剪掉距最上端芽 5 厘米以上的枝条，进行定干。

（3）**根系处理**　剪除枯枝、枯根和烂根，对长达 30 厘米以上的根适当短截。为提高栽植成活率，栽前先用泥浆蘸根，泥浆中同时掺入允许使用的低毒杀虫剂、杀菌剂和生根粉。

（4）**栽苗** 为了不发生错乱，推荐先按雌雄株数量比例在纸上画出每个品种雌雄株定植位点。由于雄株数量少，所以栽苗时先按定植点把每个品种配套的所有雄株定植完再栽雌株。栽植时，在各点视苗木根系的大小，用铁锹挖 0.3～0.5 米^3 的定植穴，将苗木根系舒展开放在穴中心，绝对不能让苗根接触基肥，否则会烧死苗木。栽时，要把苗木扶直、摆正，使根系舒展。埋土时，在苗根埋到 1/3 和 2/3 左右时各向上提苗 1 次，使根系舒展。栽后应立即浇透水，以使苗木根系与土壤紧密结合，水下渗后继续埋土，苗木在穴内的放置深度以穴内土壤充分下沉后，根颈部大致与地面持平为准。继续埋土是为了保墒，以防土壤水分蒸发过快而导致苗木表层干裂。栽后 15～20 天，即春季展叶后检查苗木成活率，及时补栽缺苗。

四、嫁接苗定植后的管理

（一）树盘覆盖

定植后就可立即进行土壤覆盖。尤其在 5 月份容易出现异常高温的浙江、河南、湖南等地区更应注意。在树盘 60～80 厘米直径范围内铺 10～15 厘米厚的稻草、蕨类和栏肥等（根颈部应留碗口大小空隙），然后加盖一定量的泥土，提高覆盖效果。

（二）立杆（或牵引）与除萌

定植当年，猕猴桃抽枝一般单枝生长，不分枝。抽枝后倘若没有竹竿等作为依附就会顺地爬生，叶腋会发出新枝，从而影响主干生长及上架时间。将主干引缚在垂直支柱（竹竿、硬枝等）上，或用绳索进行牵引，使新梢向上生长，有利采光和利用顶端优势。定植后及时在苗旁 10 厘米处立直径 2～3 厘米、高 1.8～2 米的竹竿或木棍，待新梢萌发 20 厘米长时用软质布条打"∞"字形结或用绑蔓器将蔓引绑到立杆上，以后每隔20厘米即向上引绑，直至主干所需高度。另外，从苗木接穗上抽发新梢开始，应及时抹除砧木上的萌蘗，每隔7～10天一次，直至不再产生萌蘗为止。

（三）遮　阴

猕猴桃幼苗期喜阴，适当遮阴会大大提高成活率。在日最高温度达到32℃以上时应该架设遮阳网，尤其对于春节后才定植的果园最好采用该种措施，可大大提高建园成功率。也可结合行间种植高秆作物，如玉米等，不仅解决了幼树遮阴问题，同时也让果园早期有了一定的经济收入。但必须注意，玉米不能过密，否则会影响光照，使猕猴桃植株生长慢、长势弱，一般每个行间种2～3行为宜，距离苗木50厘米左右。

（四）水肥管理

灌水一般要求勤灌少灌，保持土壤湿润为宜，切忌积水。通常春芽萌动期浇水一次，夏季高温干旱时也应及时浇水，以后视天气状况浇水。春夏雨季或遇暴雨时要搞好排水工作，以防积水引起霉根、烂根、甚至死树。排水沟应在根系密布层以下（约60厘米土层以下），做到畦沟、围沟和中沟互通。

4月份以后，应薄肥勤施。以0.5%尿素浇施，每月2～3次，直到6月份。6月份以后，每月施2次薄肥，结合抗旱用0.5%尿素加0.5%多元复合肥浇施，切忌干施和撒施肥料。为促使枝条健壮生长并预防病害发生，可每月进行2～3次的叶面喷肥，用0.1%尿素加0.1%磷酸二氢钾，混喷70%代森锰锌或农用链霉素800倍液，可持续到8月底。

（五）中耕除草

视土壤情况适时中耕松土，以两齿耙或四齿耙为好，可少伤根。不宜在高温季节进行松土除草，特别是树盘内。对危害树盘内的杂草，可用镰刀割除后覆盖于树盘内；行间可用割草机定期刈割，并覆盖在树盘内。

（六）幼树防寒

猕猴桃幼树抗寒能力较差，有可能发生冻害的地区最好在入冬前进行防寒。方法如下。

1. 涂白包裹法 用食盐 500 克加石灰 6 升、清水 15 升，再加适量石硫合剂配成涂白药液，粉刷树干和主枝，这样既能消灭树干皮缝中的越冬害虫，又可起到防寒作用。

2. 包裹法 直接用稻草等包扎物捆绑主干和主蔓，树盘内可以覆盖 20 厘米左右厚的柴草，以保护根颈。

（七）行间套种

1. 猕猴桃园进行适当间作的好处 幼龄猕猴桃树体喜欢遮阴环境，所以幼龄果园可适当套种一年生高秆作物，以减少果园管理难度、提高苗木的成活率。同时，可以合理利用太阳光能，经济利用土地，增加果园整体的经济效益。行间进行套种以后，可以调节地温，使地面昼夜温差相差不多，既能在夏天保护树体枝干免受日灼，又可以减少冬季树体冻害。间作物覆盖地面以后，可降低果园地面水分蒸发量，减少灌水次数，因此可以保水固土，防止水土流失。间作物也可以增加土壤有机质含量，改良土壤结构，因而可以减少果园有机肥的施入，降低果园肥料投入的成本。

2. 猕猴桃间作方法及效益 尽管果园间作会产生许多有利影响，但倘若间作不够合理，会引起猕猴桃树体与间作物间肥水和养分竞争，又会增加果园管理的难度，甚至造成猕猴桃幼苗死亡。所以种植间作物时，有必要针对间作物种类、种植方式等周全计划，以免本末倒置。猕猴桃果园间作的原则要以增加产值而又不影响猕猴桃树正常生长为原则。

（1）**幼树时期** 为了遮阴，可在行间种高秆作物，如玉米之类。注意套种物距猕猴桃植株 50 厘米以上。

（2）成龄果园 ①可以选种一些耐阴的经济矮秆作物，如草莓、韭菜、葱、蒜之类，这些作物不影响猕猴桃生长，开花期不与猕猴桃同时，不影响蜜蜂传粉。但应注意的是，有报道称溃疡病病菌易感染豆类、蕃茄、马铃薯、洋葱和魔芋，因此间作时应谨慎选择此类作物。②有些药材植株矮小，耐阴性强，生长旺盛，能早期覆盖地面，而且吸收养分、水分比较少，病虫害少；有些药材还可以驱避害虫，所以猕猴桃园间作药材效益很好。例如，山西晋中有的果园间作菊花，每公顷收菊花 3 000 多千克。也可种植党参，党参抗踩、耐阴。也有的果园间作白术、牡丹等，可以先育苗，春天移栽于果园行内，一般管理，牡丹第四年刨出销售，每公顷收入30 000～45 000 元，效益可观，而且通过刨掘还进行了果园深翻，一举两得。适宜果园间作的药材还有：红花、冬花桔梗、半夏、地黄、丹参、元参、白芍等。③王增信等（2001）在成龄猕猴桃地里进行了木耳、香菇、蘑菇三种食用菌配套栽培，认为猕猴桃园栽培该三类食用菌，产量均明显高于露地，经济效益为木耳＞香菇＞蘑菇，且组合模式的效益比单独种猕猴桃增加 6.5～11 倍。这是因为猕猴桃与食用菌之间具有互补互促的作用，猕猴桃园可提供食用菌良好的温、湿、光、气等条件；食用菌释放出二氧化碳有利于猕猴桃进行更好的光合作用，其菌渣又是良好的肥料，可改善土壤理化状态，促进生态良性循环。减少了猕猴桃园肥料的投入成本，提高了猕猴桃园种植的经济效益。④敖礼林等（2003）在猕猴桃幼树棚下套种黑麦草养鹅试验，也明显能提高幼龄果园的经济收入。⑤李文志等（2010）在猕猴桃幼龄果园套种韭菜获得了较好的经济效益。⑥肖盛明（2016）在贵州省修文县以猕猴桃—辣椒—莲花白套作模式，经济效益为每 667 米^{2}增加纯收入 4 225 元；猕猴桃—大豆—箭筈豌豆套作模式，每 667 米^{2}增加纯收入 1 860 元，且每 667 米^{2}生产优质绿肥 1 500 千克，既能增加猕猴桃果园经济收入，又能培肥地力。果农朋友不妨加以借鉴，以期更好地提高果园经济效益。

　　猕猴桃园也可以在行间种绿肥作物，一般绿肥作物都有深根聚氮作用，其根部具有根瘤菌，能固定空气中和土壤中的氮素，如1 000千克紫穗槐嫩枝叶含氮量就相当于60多千克硫酸铵，也含有较多的磷、钾元素（表5-4）。所以绿肥作物可以提高肥力、改良果园土壤，促进树体生长、增加产量，也可以减少果园肥料投入，同时减少了除草、浇水等管理环节的劳务投入。秦景逸等（2016）以伊犁地区特克斯县苹果园间作的4种绿肥（红豆草、紫花苜蓿、黄豆和小麦）为研究对象，以清耕园为对照，通过对土壤中有机质、速效氮、速效磷和速效钾含量的测定，表明苹果园间作不同绿肥后土壤中有机质、速效氮、速效磷和速效钾的含量均高于清耕园，此法也可以借鉴于猕猴桃园，加以改造使用。

表5-4　主要绿肥的养分含量

绿肥种类	水　分	鲜草成分			干草成分		
		N	P_2O_5	K_2O	N	P_2O_5	K_2O
紫穗槐	—	1.32	0.30	0.79	3.02	0.68	1.81
紫花苜蓿	83.3	0.56	0.18	0.31	0.53	0.53	1.49
草木樨	80.0	0.71	0.23	0.61	2.46	0.38	2.16
绿　豆	85.6	0.52	0.12	0.93	2.08	0.52	3.90
荞　麦	—	0.46	0.12	0.35	—	—	—
油　菜	82.8	0.43	0.26	0.44	2.52	1.53	2.57

五、实生苗定植后的管理

　　实生苗定植后，可根据其根系发育情况选择管理方式。如果根系比较发达，选留3个饱满芽，在最上面一个芽的上方2厘米左右短截，并确保保留的三个芽有一个芽能正常生长即可，其他抹除。若根系较差，则可以多保留几个芽，也是在最上面一个芽上方2厘米左右短截；与前面根系发育状况好的管理方式不同的是，这几个保留的芽都可以让其萌发出新梢，但是要保留其中最直立、粗壮的一个向上生长，以备后期嫁接用，另几个发出来的新梢可以采用不断摘心的方式控制加长生长；这样做的好处是地上部分营养生长的生物量保留的适当增多，以辅养根系快速壮大。

留作将来嫁接用的新梢长到20厘米左右时，可在旁边插一木棍，引导其向上生长。覆盖、遮阴、施肥、灌水等同定植成品嫁接苗操作，所不同的是以下几点。

（一）嫁接时期

嫁接时间对嫁接成活率的影响明显大于嫁接方法对其成活率的影响。据经验判断，若实生苗粗细适中，则郑州附近地区一般在萌芽前和5～6月份嫁接成活率最高，9月份以后不主张嫁接萌芽前嫁接成活率高是因为气温开始回升，树体尚未伤流，芽尚未萌动，砧木和接穗组织充实，温、湿度有利于形成层旺盛分裂，容易愈合，所以成活率高，当年能萌发，到第二年可开花结果；5～6月份成活率高是因为避开了夏季高温的雨时期和伤流期，气温适宜，有利于嫁接苗成活。9月份以后嫁接虽然形成层细胞仍很活跃，当年能愈合，但是如果接芽萌发，枝条生长不充实，冬季容易发生冻害。杨斌（2012）研究陕西地区秋季嫁接、当年尚未萌发者的第二年的萌芽率，红阳在9月1日嫁接后萌芽率为0，海沃德和徐香在9月15日后嫁接萌芽率为0。另外观察了徐香在不同时间嫁接后的田间生长势，发现6月1日嫁接的苗木田间生长最好，7月1日嫁接的次之，8月1日嫁接的较差，9月1日嫁接的生长最差，且枝条不充实，不能正常落叶。四川、陕西秦岭以南地区在培育嫁接苗木时采取实生苗挖起，春季室内嫁接，湿沙中愈合后移栽田间，成活率高，生长整齐，有效克服了猕猴桃嫁接中的伤流问题，而北方地区春季气温回升慢，苗木挖起后室内嫁接愈合难度大，移栽田间成活率低，可人为升高地温，促使苗木快长新根，促进愈合。因此，各地区可以根据具体气候环境条件选择适宜的嫁接时期。

（二）接穗的选择

接穗品种的选择可参考本章第二节中"适宜品种的选择"内容。接穗要在品种纯正、健壮、充实、芽眼饱满的 1 年生枝上采集，有病虫害、生长细弱或徒长枝上不能采集接穗。采集接穗时要将接穗的品种、雌雄分别挂牌标记、捆绑好。冬季采集的接穗可埋于地窖或地沟内沙藏，以保持湿润。生长季节采集接穗时应将叶片立刻去掉，只留叶柄，所留叶柄不要超过 0.5 厘米，以防接穗失水过快，影响嫁接成活率。接穗应放置在阴凉处，最好随剪随嫁接。如果短时间不用或外运，要把接穗下部浸入水中或用湿布等包裹起来保湿；也可放水井内，能多保存几天；或放在冰箱内，温度保持 4℃～5℃即可。在田间嫁接时，要将接穗放在阴凉处并用湿布包裹，切忌在太阳下暴晒。

（三）砧木粗度的选择

宋爱伟等（2008）研究认为：地径大于 0.7 厘米的实生砧木苗，大田栽植成活率为 94%，可直接就地嫁接；地径 0.5～0.7 厘米时，栽植成活率 87%，栽后翌年 6 月底至 7 月初可嫁接；地径 0.4～0.5 厘米时，栽植成活率 77%，栽后翌年 9 月份可嫁接；地径小于 0.4 厘米，栽植成活率仅为 62%，需 1 年后才能嫁接。因此，粗细不同的实生砧木苗要分开栽植，以便分期、分批嫁接。砧木越粗，其抗日灼、干旱、高温和干热风的能力越强，栽植成活率越高，并能早嫁接、早成园。砧木粗，虽然栽植成活率高，但其嫁接成活率并不一定高。试验结果表明，砧木地径（靠近地面的直径）在 0.6～0.7 厘米、距地面（或根系以上）5 厘米处的直径 0.5～0.6 厘米时嫁接成活率最高。

（四）猕猴桃较常用的嫁接方法

1. 劈接法　此法多用在春季萌芽前，且接穗粗度小于砧木粗度的情况下。砧木新梢留叶应适量，因为留叶太少，营养面积小，嫁接后生长不良；留叶过多，砧木过长，结果部位外移，不紧凑。该嫁接方法优点为嫁接后愈合快，成活率高，萌芽快，接口牢固，遇风不易折断。具体做法如下（图5-2）。

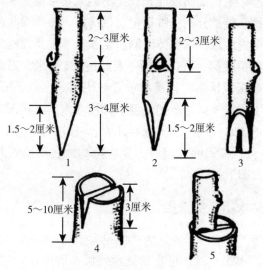

图 5-2　劈接示意图

1.接穗正面　2.接穗反面　3.接穗侧面　4.砧木劈口　5.插入状态

第一，作砧木的实生苗基部留3～4个芽，在离地面5～10厘米半木质化的光滑处横向剪断，在断面中间纵劈一个长约3厘米的接口。

第二，作接穗的枝条，将接穗剪留1～3个芽，分别在上端剪口距芽2～3厘米和下端剪口距芽3～4厘米处剪断，然后将接穗下端削成斜面长1.5～2厘米楔形。楔形的两个斜面是否大小一致，取决于砧木上切口的位置。切口位于砧木断面正中时，则两个斜面大小一致；不在正中时，则两个斜面一大一小。切口大小应尽量与砧木上的切口接近。

第三，将削好的接穗插入砧木切口，二者至少一边形成层对齐，用宽 1 厘米左右的农膜分别将包括接穗上端的所有伤面包严绑紧，仅露接穗叶柄和芽眼。接穗上端剪口也可采取封蜡法，防止水分散失。

2. 舌接法　又称双舌接，此法多用在春季萌芽前；或冬季进行室内嫁接时，接穗与砧木粗度相等或接近的情况下。优点为砧穗形成层接触面大，愈合快，有利于成活。具体做法如下（图5-3）。

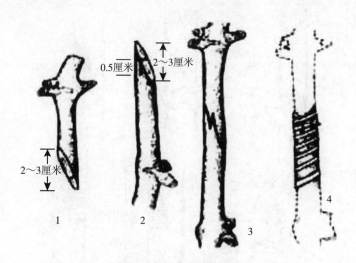

图 5-3　舌接示意图

1.削接穗　2.切砧木　3.接合接穗和砧木　4.包扎

第一，将砧木和接穗分别按上述劈接法要求剪断，在砧木的剪口和接穗的下剪口光滑处分别削出倾斜 25°～30°、长 2～3 厘米的斜面；砧木和接穗分别在其距斜面尖头约 1/3 处，与纵轴平行，纵切深度约 0.5 厘米长的切口；将砧木和接穗两个切口对接严密，二者一边或两边形成层对准，尽量不要错位。

第二，用弹性塑料条分别将所有伤面包严绑紧，包括接穗上端。接穗上端剪口可用封蜡法，防止水分散失。

第三，室内嫁接好的嫁接苗，最好放在20℃～25℃保湿环境中25～30天，使其伤口充分愈合后，再栽入自然条件下的苗圃中。冬季如果外界温度过低，栽苗过程以及栽后，都要注意及时埋土或覆盖防寒。苗木根系极易受冻害，-1℃持续半小时就可出现根系冻伤。

3. 嵌芽接法 也称带木质部芽接，在所有嫁接季节都可以采用。该嫁接方法优点为操作快，嫁接成活率高。具体做法如下（图5-4）。

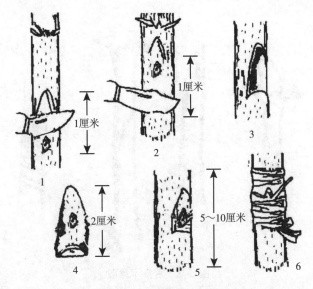

图 5-4 嵌芽接示意图

1.接穗芽上下刀方式 2.接穗芽下下刀方式 3.取芽片后的接穗状态 4.取下来的芽片 5.接芽与砧木切口相贴 6.绑缚

第一，在砧木离地面5～10厘米半木质化的光滑处，先在下部切一长度0.3～0.4厘米、深度约为砧木直径的1/4～1/5、斜度约为

45°的斜面；再从其正上方约 2 厘米处下刀，向下斜切至第一刀的深处，去掉切块。

第二，削接芽时倒持接穗，同法在接穗的饱满芽上、下方各 1 厘米处下刀，切出带木质芽块，其大小尽量与砧木上的切口一致。

第三，将切好的芽块插入砧木切口，插紧插正，至少使一边形成层对齐，如接芽与接口不一样大，可让大部分形成层对准。

第四，用农膜绑严接口和接芽，只露接芽叶柄和芽眼，防止水分散失。上半年嫁接时，接芽可露在外面，有利于成活后立即萌发。但秋季嫁接则要包住接芽而且不剪砧，以防冬前萌发。

（五）嫁接成活的关键

嫁接工具是保证嫁接成功的重要环节，必须按要求准备齐全，以保证嫁接工作的顺利进行。

嫁接刀含钢量要高，起膛后刀口薄而锋利，不卷刃，削出来的芽片削面不起毛；如果嫁接刀能刮掉纸张，说明刀子已经磨好，用这种刀削接穗时削面平整光滑；磨石要使用细磨石，不能用粗磨石。

绑缚物是嫁接后用来包扎的材料。国内有些塑料厂专门生产嫁接用的塑料薄膜，这种薄膜厚薄均匀、有韧性。将其剪成长 20 厘米，宽 1.5 厘米的长条使用。

石蜡用来封顶。这几年多用油漆或塑料薄膜封顶，效果也很好。

（六）嫁接后管理

嫁接后疏除砧木上萌发的新梢，抹除砧木上的所有芽眼，减少养分消耗，以利接口愈合。接后两周检查苗木成活情况，劈接、切接的要打开包叶，凡叶柄一触即落者，即已成活，不落者未成活，要及时补接。在成活的接芽上涂抹发枝素，以促进接芽早萌发。接芽抽枝后，为了不妨碍苗木的加粗生长，大约在嫁接后 4～5 周解绑。过早解绑会使成活的芽体因风吹日晒而翘裂枯死，但同时注意避免愈伤组织被塑料条包裹而影响营养运输。一般当接芽长到50厘米以上时，说明嫁接部位已完全愈合，此时解绑最好。要适时绑缚新梢上架，以防风害。在不妨碍苗木生长的前提下，解绑宜晚不宜早。

六、高接换头的狝猴桃果园操作方法

狝猴桃树的高接换头是指通过对各个枝条进行改接，在砧木的高处或在劣种狝猴桃的树冠上嫁接优良品种接穗，进而把整棵狝猴桃树全部改成优良品种的一项技术。科学的高接换头，可达到当年树冠恢复原状，第二年挂果、第三年丰产，无新栽果树的幼龄期，迅速实现更换品种、早结果、早受益的目的。高接换头品种选择的原则同新建园，品种来源一定要可靠、纯正，接穗要健康，没有任何病虫害（尤其是病毒病和溃疡病）。目前，发现的狝猴桃病毒病主要有褪绿叶斑病毒、花叶病毒和狝猴桃疯病病毒，溃疡病主要是指细菌性溃疡病，均可通过嫁接传播，且一经传播，没有特效的防治措施和药剂。狝猴桃高接换种应注意以下几方面的问题。

（一）严格掌握嫁接时间

狝猴桃春季嫁接应选择在树液流动之前及伤流期结束之后进行，避开树体伤流期，这样有利于提高嫁接成活率。一般选择在2月下旬和4月上旬这两个时间段来进行。

（二）注意保存好接穗

前一年冬季要做好接穗的沙藏。若选定在4月上旬进行嫁接，在狝猴桃树芽萌动时应及时将接穗放入冷库保存，温度控制在0℃～5℃，以避免接穗芽体萌发而影响嫁接成活率。

（三）采取适宜的嫁接方法

猕猴桃高接换种宜采用劈接和皮下接这两种嫁接方法。另外，因春季气候干燥，接穗易于失水干枯，所以绑扎时除芽体露出外，将接穗其余部分全包扎紧实。用过的旧塑料膜容易导致嫁接部位感病，包扎时要注意用新的塑料膜绑扎。嫁接时，接头粗度在1厘米左右可采用劈接法，粗度在2厘米以上可采用皮下枝接法。

皮下枝接法：先按照主、侧蔓的位置选取嫁接枝条，取下部木质化程度高的部分，选光滑利于嫁接的部位锯断，锯口用刀削平；顺皮纵划一刀达木质部，然后将剪短的接穗下部的一面削2～3厘米的平直斜面，对应的背面再削去0.5～1厘米小斜面。将削好的接穗顺划开的砧木皮层插下，削面要全部插进去，最后用塑料带将整个接口裹紧包扎（图5-5）。

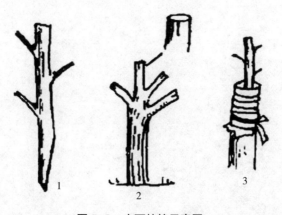

图5-5 皮下枝接示意图
1.接穗 2.砧木处理 3.绑缚

（四）选择正确的嫁接部位

1～3年生猕猴桃树一般在距地面1.5米以内选择适宜部位进行嫁接，4年生以上树选择在距地面1～1.5米区段嫁接，或者利用基部萌发的徒长枝进行高接。同时树体还需留部分原品种的枝条萌发、生长，以便对树体进行辅养。

（五）搞好接后管理

宜采取猕猴桃原品种与嫁接品种当年共生的方式进行接后管理，这样既可防止因树体上部光秃造成树干日灼裂皮，又可防止因树体上下部分营养失衡导致根系衰弱，同时也可降低果农当年因品种更换而造成的过大经济损失。待嫁接品种成活后，当年冬季修剪时去掉全部原品种枝条。此外，嫁接树还必须做好施肥等土壤管理工作，以提高嫁接成活率。

第六章

果园土肥水管理

一、土壤管理

（一）果园生草

果园生草又称"果园生草覆盖制"或"绿肥间作制"，是指在果树行间至行内种植一年生或多年生草本植物，以覆盖果园土壤，使土壤处于免耕作状态的一种土壤管理制度。传统猕猴桃果园土壤管理以清耕、裸露、中耕为主要手段。清耕、裸露等管理方式短期效果虽好，但长期清耕、裸露会导致果园土壤肥力退化、生物多样性丧失、果实产量下降、品质变劣，而且容易造成水土流失等。中耕主要缺点是破坏根系量大、劳动量大。果园生草是解决上述问题的主要途径，果园生草技术已经成为发达国家开发成功的一项标准化果园土壤管理技术。

1. 优　点

（1）增加土壤有机质含量　长期以来，果园内化肥的大量连年使用，造成土壤板结、酸碱失衡、肥力下降，这是猕猴桃果实品质变差、树势衰弱、产量下降、病虫害泛滥的主要原因。实施果园生草后，因为绿肥作物含有大量丰富的有机质，所以翻压后能改善土壤理化性状，提高土壤肥力。据试验，在有机质含量为0.5%～0.7%的果园，连续5年种植毛苕子或白三叶草，土壤有机质含量可以提高到 1.6%～2% 或以上。果园生草覆盖和果园清耕比较,果园生草具有有效改善土壤理化性质,如降低土壤容重,提高土壤孔隙度,增加土壤通透性,通气、透水性好,保持土壤结构稳定,防止水土流失,有利于蚯蚓繁殖,促进土壤团粒结构的形成等优点。果园生草后,土壤中果树必需的一些营养元素的有效性得到提高,同时改善了土壤物理性状,提高了土壤肥力,增加了土壤有机质含量,连年生草的果园可减少商品肥料和农家肥的施用量,并提高肥料的利用率。生草果园猕猴桃缺磷、钙的症状减少,果园较少发生缺铁的黄叶病、缺锌的小叶病、缺硼的缩果病等。

(2)**固土、平衡温度,保持果园土壤墒情** 相对于传统清耕的果园管理方式,果园生草不仅可降低地表径流量和土壤侵蚀量,而且能保持地温。冬季可以提高冠下温度 0.2℃～0.5℃,提高叶温 0.2℃～1℃,提高地表温度 2℃～3℃;夏季可降低气温 0.6℃,降低地表温度最高达 10.7℃,降低叶温 0.4℃～1.7℃,温度的降低促进根系正常生长和高效吸收土壤中养分,促进果树生长。因此,果园生草后,土壤中的水、肥、气、热表现协调,可以改善土壤的理化性状、提高果园空气湿度,夏季高温时生草果园比较凉爽,对猕猴桃生长发育十分有益。

果园生草可以减少猕猴桃行间土壤水分的蒸发,调节降雨时地表水的供应平衡,生长旺盛时刈草覆盖树盘,保墒效果更佳。据试验,在覆草的条件下,土壤水分损失仅为清耕的 1/3;覆盖 5 年后,土壤水分平均比清耕多 70%。生草果园比清耕果园每年可减少灌水 3～4 次。

(3)**延长根系活动时间** 生草管理的果园,在春天能够尽早提高地温,根系活动比清耕园提早 15～20 天;进入晚秋后,可以保持土壤温度,延长根系活动时间 1 个月左右,对树体养分的积累以及花芽分化有十分良好的促进作用。冬季草被覆盖在地表,可以减轻冻土层的厚度,对减轻和预防根系的冻害也具有积极的作用。猕猴桃根系一般分布较浅,清耕果园土壤耕作较为频繁,对猕猴桃

根系破坏较大；生草果园一般采用免耕法，对猕猴桃根系生长较为有利。

（4）**有利于果园病虫害的综合防治**　猕猴桃果园生草增加了植被多样化，为天敌提供了丰富食物、良好的栖息场所，克服了天敌与害虫在发生时间上的脱节现象，使昆虫种类的多样性、富集性及自控作用得到提高，在一定程度上也增加了果园生态系统对农药的耐受性，扩大了生态容量。果园生草后优势天敌数量明显增加，天敌发生量大，种群稳定，果园土壤及果园空间富含寄生菌，都会制约着害虫的蔓延，使果园形成相对持久的生态系统，从而减少了农药的投入及农药对环境和果实的污染，这也是当前推广绿色有机果品生产所要求的条件。据眉县园艺工作站2007—2009年三年试验观察显示，在猕猴桃黄化病、褐斑病、溃疡病发生较为严重的地区，生草猕猴桃果园很少发病。

（5）**促进果树生长发育，提高果实品质和产量**　在猕猴桃果园生草栽培中，树体微系统与地表生草微系统在物质循环、能量转化方面相互连接，生草直接影响果树生长发育。试验表明，生草栽培时，果树叶片中全氮、全磷、全钾含量比清耕对照显著增加，树体营养得到改善，花芽质量明显提高，单果重和商品果率增加，可溶性固形物和维生素C含量明显提高，贮藏性、货架期增强，贮藏过程中病害减轻。另外，猕猴桃花有粉无蜜，传粉时对蜜蜂等昆虫的吸引力小，而三叶草的花期比猕猴桃花期早、花期长，果园如果种植三叶草，就会为果园吸引来大量蜜蜂。经过观察，种三叶草的果园，吸引来的蜜蜂量是清耕果园的2~3倍，对提高猕猴桃授粉起到了很大的促进作用，从而提高了果实的产量和品质。

（6）**降低成本、减轻劳动强度**　果园生草，可以减少锄草、浇水、施肥等用工投入，并大大降低了劳动强度。

2. 草种的选择　猕猴桃果园人工生草，可以是单一的草种类，也可以是两种或多种草混种。三叶草是目前果园生草首选的草种，特别是猕猴桃园最为适应。三叶草生长量适中、固氮能力强，具有

发达的根瘤菌，可大量固定空气中的氮素。据报道，果园在达到一定覆盖率的前提下，每公顷白三叶草固定氮素最多可达 195 千克，与田间追施尿素 330～435 千克效果相同。该品种既喜肥又喜湿，耐旱能力强，适于土壤肥力较高的地块。而且三叶草植株低矮，只有 30 厘米高，根系主要分布在 15 厘米的地表土层，草层致密，覆盖度高，能抑制杂草生长，耐果园作业踩踏，且叶多茎少，粗蛋白含量高，粗纤维含量低，是各种畜禽的好饲草。另外，三叶草花期长，对猕猴桃花期招引蜜蜂有很大帮助。

3. 种植方法 猕猴桃定植后的前三年一般为幼树期，行间宽，空地较多，种植户最好进行经济作物套种，实现以短养长。当猕猴桃的树冠已全园覆盖地面时，就不宜再进行行间套种，而是采用生草制的果园管理方式。猕猴桃园可只在行间种草，顺行给植株每边留出 1 米多宽的营养带，保持覆草或覆盖黑色无纺布地膜（根颈部应留碗口大小空隙），施肥时在营养带内施农家肥和化肥，生草带上只撒施化肥。

三叶草可以播种也可以移栽，移栽时间为 3 月份至 9 月份，春、夏、秋三季均可播种和移栽。移栽时从草地或生草果园内用铁锹铲起深度为 10～15 厘米的土层，边铲边卷，将草皮卷为宽度 50 厘米左右的草卷，装车运输至目的地进行移栽。移栽前，果园要提前灌水，待水分下渗后，开深 10～15 厘米、行距 30 厘米的沟，以株距 10～12 厘米进行移栽，栽后喷灌浇水，不宜大水漫灌。播种的话，首先进行细致的整地、灌水，在墒情适宜时播种，可沟播或撒播。沟播先开沟，播种覆土；撒播先播种，然后在种子上面均匀撒一层干土，出苗后及时去除杂草。

4. 果园生草应注意的问题

（1）**刈割** 当三叶草长至 30 厘米左右时就要进行刈割，每年割草 4～5 次。刈割可采用机械刈割或人工刈割。机械刈割可采用拖拉机牵引秸秆还田机"八字形"甩刀进行刈割，留茬高度 5～10 厘米；人工刈割可采用手推式或背负式割草机进行刈割，割后将割

倒的草均匀的铺在地表，随着时间的推移三叶草腐烂分解后会被果树吸收。

（2）**施肥** 肥料可在非生草带内施用。也可采用铁锹翻起带草的土，施入肥料后，再将带草土放回原处压实。连续生草多年的果园随土壤肥力的提高，可以逐渐减少施肥量。

（3）**果园喷药** 果园喷药时应尽量避开草，选用高效、低毒、低残留农药，以便保护草中的天敌。

（4）**加强清园** 刮下的树皮，剪除的病虫枝、叶和果实，都应及时清理干净，不要遗留在草中，以免病虫害在草中繁衍越冬。

（5）**草的更新** 一般情况下果园生草5年后，草逐渐老化，要及时翻压，使土地休闲后再重新播草或移栽。

（二）化学除草

清耕或中耕果园中杂草常年发生，与果树争肥、争水。化学除草具有工效高、效果好、成本低等优点而被广泛使用，科学合理地使用除草剂能起到事半功倍的效果。但需要注意的是猕猴桃等双子叶植物，对许多除草剂都具有很强的敏感性，所以喷施的时候，一定不能碰到树体部位。另外，猕猴桃为肉质根，很容易产生药害，除草剂施用时的浓度要适当。邱宁宏等（2012）研究发现，单独使用41%草甘膦异丙胺盐水剂1107克/公顷、1660.5克/公顷、2214克/公顷，对猕猴桃园杂草防除效果好，有一定的速效性和持效性。药后15天总草株防效达82.9%～91.0%，药后30天总草株防效达87.6%～94.9%，鲜重防效达95.5%～98.9%。

（三）深翻、改土和熟化

1. 深翻对猕猴桃园土壤和树体的作用 猕猴桃根系在土壤中的分布受土壤类型、质地、水分、养分及地上部分的生长发育的影响很大。支配根系分布深度的主要条件是土层厚度和理化性状。果园深翻可以加深土壤耕作层，为根系生长创造条件，促使根系纵向伸展，根量及根部深度均显著增加。深翻之所以可促进根系生长，是因为深翻后土壤中水、肥、气、热条件得以改善，使树体健壮、新梢长、叶色浓。据中国农业科学院果树研究所研究表明，果园深翻可以使果园土壤容重由 1.4 克 / 厘米^3 下降到 1.29 克 / 厘米^3，土壤孔隙度由原来的 47.27％上升到了 52.18％（表 6-1）。深翻结合施肥以后，土壤有机质含量增加 0.2％～0.3％，团粒结构增多，明显提高了果园的蓄水保墒能力。

表 6-1　果园深翻对园土土壤容重和孔隙度的影响

土　层 （厘米）	土壤容重（克 / 厘米^3）		土壤孔隙度（％）	
	深　翻	未　翻	深　翻	未　翻
0～20	1.08	1.39	57.64	47.94
20～40	1.28	1.37	52.94	48.68
40～80	1.33	1.34	50.00	51.79
80～120	1.33	1.40	52.15	47.21
120～150	1.41	1.50	48.16	40.71
平　均	1.29	1.40	52.18	47.27

2. 深翻时期　实践证明，果园四季均可深翻，但应根据果园具体情况与要求因地制宜地适时深翻，并采取相应措施达到最佳效果。

（1）秋季深翻　秋季气候温和，雨量较多，果树地上部生长缓慢。在根系进入生长高峰期前，结合施秋肥进行深翻效果最好。此时果树地上部生长较慢，养分开始积累，深翻后正值秋季根系生长高峰，伤口容易愈合，并可长出新根；有利于养分的吸收，同时不影响翌年新梢的生长和花芽的形成。如果结合灌水，能使土粒与根系迅速密接，更有利于根系的生长。因此，秋季是果园深翻的较好时期。

（2）**春季深翻**　春季深翻可于土壤解冻后、伤流期到来前及早进行。此时果树地上部还处于休眠时期，根系刚刚开始活动，生长较缓慢，根系受伤后容易愈合和再生。

（3）**夏季深翻**　夏季深翻最好在根系前期生长高峰过后，北方雨季来临前后进行。深翻后，降雨可使土粒与根系紧密结合，不致发生吊根或失水现象。

（4）**冬季深翻**　冬季深翻最好在入冬后至土壤上冻前进行。深翻后要及时盖土以免冻根。如果墒情不好，需及时灌水，使土壤下沉，防止漏风冻根。北方较寒冷地区（如山东等地）一般不进行冬翻，南方各省冬翻可于10月下旬至11月下旬进行。

3. 深翻的深度　应以比猕猴桃主要根系分布层稍深为度。同时，还要考虑土壤结构和土质，如土壤状况良好、土层深厚，则可适当浅翻。深翻的深度一般应达到40～50厘米。

4. 深翻方法　深翻方法较多。现介绍常用的几种方法。

（1）**放树窝子**　又叫深翻扩穴。幼树定植后，从原栽植穴的边缘向外深翻以扩大栽植穴，可有助于根系的伸展。第一年从定植穴外沿向外挖环状沟，宽30～40厘米，深40厘米；下一年接着上年深翻的边沿向外扩展深翻，直至全园深翻一遍。翻时表土和底土各放一边，捡出石块等。回填时，先填表土和树盘上面的草皮，并施入一定量的土粪和化肥，最后将生土放在最上面。对于山地果园，生土和石块还可以放在梯田壁上，以加固梯田壁。

（2）**隔行深翻**　即隔一行翻一行。这种方式比较适合于大型棚架类的成龄猕猴桃果园。每次只翻一侧，以免一次伤根过多而影响树体地上部的生长和结果。挖时捡出石块，填入表土和草皮，并施入适量的有机肥和化肥。翌年再挖下一行。

（3）**全园深翻**　将栽植穴以外的土壤一次深翻完毕。这种方式需要投入大量劳动力，但翻后便于平整土地，更有利于果园的耕作。

二、合理施肥

肥料按用途可分为基肥和追肥。基肥主要指各种有机肥料，是指农村中利用各种有机物质、就地取材、就地堆沤的自然肥料的总称，又称农家肥料，如人畜禽粪便、圈肥、饼肥、绿肥、秸秆等生物残渣（表6-2）。有机肥料含有丰富的有机物和各种营养元素，具有数量大、来源广、养分全面、污染少等优点，但也存在脏、臭、不卫生、养分含量低、肥效慢、体积大、使用不方便等缺点。追肥多为化学肥料，是指用化学合成方法将某些含有肥料成分的矿物（如磷矿石、硼矿石、钾石盐等），通过粉碎、精选、化学加工制成的肥料，一些属于工矿企业的副产品以及具有矿物盐和无机盐性质的肥料也属于化学肥料；化学肥料通常含有一种或几种果树生长需要的营养元素，如氮肥、磷肥、钾肥、复合肥以及微量元素肥料等；化学肥料特点恰好与有机肥相反，具有养分含量高、肥效快、使用方便等优点，但也存在养分单一、肥效短、制造成本高、污染环境等缺点。

表6-2　有机肥的种类及有效成分含量 （%）

种　类	有效成分			
	有机质	氮	磷	钾
人　粪	20	1	0.5	0.37
人　尿	3	0.5	0.13	0.19
猪厩肥	11.5	0.45	0.19	0.6
马厩肥	19	0.58	0.28	0.63
牛厩肥	11	0.45	0.23	0.5
羊厩肥	28	0.83	0.23	0.63
鸡　粪	25.5	1.63	1.54	0.85
青草堆肥	28.2	0.25	0.19	0.45

续表 6-2

种　类	有效成分			
	有机质	氮	磷	钾
麦秸堆肥	81.1	0.18	0.29	0.52
玉米秸堆肥	80.5	0.12	0.16	0.84
稻秸堆肥	78.6	0.92	0.29	1.74
苜　蓿	—	0.56	0.18	0.31
草木樨	—	0.52	0.04	0.19
田　菁	—	0.52	0.7	0.17
大豆饼	78.4	7	1.32	2.13
棉籽饼	82.2	3.8	1.45	1.09
花生饼	85.6	6.4	1.25	1.5
菜籽饼	83	4.6	2.48	1.4

（一）有机肥

有机肥料也可根据腐熟过程中的发热程度而分为两类：第一类热性肥料，指有机肥料在腐熟过程中堆温可升到 50℃以上者，包括马粪、羊粪和秸秆堆肥等。第二类冷性肥料，指在腐熟过程中不能产生高温者，包括各种土粪、人粪尿。有机肥虽然含有一定量的养分，但大都不能直接被树体吸收利用，通过堆沤、腐熟过程，不仅使有机物料尽快释放养分，还可使发酵过程产生的高温杀灭寄生虫卵和各种病原菌，杀死各种危害作物的病虫害及杂草种子，实现无害化的目的，同时还缩小了有机物料庞大的体积，节约运输成本，施用后便于耕作，提高了耕作质量。

1. 作　用

（1）减少土壤养分固定、提高化肥肥效　有机肥料能减少养分固定，提高土壤及化肥肥效，其主要作用机制是具有"螯合作用"。螯合作用就是有机肥料中的腐殖酸与土壤中的无机盐类形成一个配位体，使它们之间相互结合得很牢固，以减少营养元素与土壤间发生的化学反应，提高肥料的有效性和利用率，使化学肥料避免流失和污染，提高农产品的品质。有机肥料分解过程中产生的各种有机酸和碳酸，可以促进土壤中难溶性磷酸盐的转化，提高磷的有效性。有机肥料中的养分，大多呈有机状态，必须经过微生物分解后才能转化为作物吸收的无机态，这一过程是缓慢的，只能逐渐转化释放养分。因此，有机肥不仅当年有效，而且有较长的后劲，肥效长。

（2）增加土壤微生物数量和改良土壤 有机肥不仅是农作物的粮食，而且也是土壤微生物的粮食。有机肥料含有大量微生物，大多数微生物依靠现有的有机质维持生命。土壤中有机质丰富，可以促进其中的微生物旺盛生长。微生物在新陈代谢过程中会释放出大量的酶，生成一种黑色或褐色的腐殖质，能持久而稳定的供给微生物的能量，为微生物创造良好的生活环境，从而改善土壤的物理性质。例如，它能提高沙土保水、保肥力；减少黏性土壤内聚力，使其变疏松，利于耕作和排水，延长土壤宜耕期。腐殖质还能增深土壤颜色，起吸热增温作用，有利于种子萌芽和作物生长。腐殖质吸水能力强，一般可以吸收本身重量9～25倍的水，有助于作物的抗旱和抗涝；另外，腐殖质还可以增强土壤保肥性和缓冲作用。有机肥料具有多方面的作用，其核心部分是有机胶体，有机胶体具有胶结力、代换性等。有机胶体离子交换能力强，相当于土体交换能力的10～20倍，从而大大地增加了土壤中的钾、钠、钙、镁、铁、铝等吸收，减轻土壤污染。有机质与重金属离子形成的螯合物等易溶于水，可以从土壤中排出，所以，有机肥能消除农药残毒及减轻重金属污染土壤等。

2. 主要种类

（1）粪尿类 是指猪、牛、羊、马等饲养动物、各种家禽以及人类的排泄物，含有丰富的有机质和各种植物营养元素，是良好的有机肥料。牲畜粪尿与各种垫圈物料混合堆沤后的肥料称之为厩肥。厩肥是农村的主要肥源，占农村有机肥料总量的63%～72%，其中猪粪尿提供的养分最多，占牲畜粪尿养分的36%，牛粪尿占17%～20%，马、驴、骡粪占5%～6%，羊粪尿占7%～9%。该种肥料含有大量的氮、磷、钾，钙、硫、各种微量元素和多种氨基酸、纤维素、碳水化合物，以及酶等成分。

（2）**秸秆类**　不同作物的秸秆中，氮、磷、钾等养分含量差异很大。一般来说，豆科作物秸秆含氮较多，禾本科作物秸秆含钾较丰富（表6-3），秸秆直接燃烧会造成环境污染和浪费，它是有机肥料最主要的原材料来源之一，数量巨大，一般粮食作物的产量与秸秆量关系为1∶1。根据对作物秸秆的不同处理方式，其利用方式可分为堆沤还田、过腹还田和直接还田等，直接还田还可分为秸秆翻压和秸秆覆盖两种。对秸秆还田利用途径目前存在异议，有的认为秸秆应作沼气或经发酵作饲料过腹还田更为经济、效益更高，但也有人认为秸秆直接还田，对培肥改土更为有效。当前广大农村存在燃料、饲料、肥料不足的矛盾，秸秆还田的利用方式，可结合本地具体情况，合理安排。

表6-3　主要作物秸秆养分含量

种 类	几种营养元素含量（占干物重%）				
	氮	磷	钾	钙	硫
麦 秸	0.50～0.67	0.09～0.15	0.44～0.50	0.16～0.38	0.12
稻 草	0.63	0.11	0.70	0.16～0.44	0.11～0.19
玉米秸	0.48～0.50	0.17～0.18	1.38	0.39～0.80	0.26
豆 秸	1.30	0.13	0.41	0.79～1.50	0.23
油菜秸	0.56	0.11	0.93	—	0.35

（3）**饼肥类**　油料作物的种子榨油后剩下的残渣含有丰富的营养成分，用作肥料时，称为饼肥。饼肥的种类很多，主要有大豆饼、菜籽饼、花生饼、棉籽饼、芝麻饼、桐籽饼、葵花饼、蓖麻籽饼、柏籽饼、茶籽饼等。各种作物油饼养分含量差异较大。

（4）**泥炭**　泥炭又名草炭、泥煤、草煤，无菌、无毒、无污染，通气性能好，质轻、持水、保肥、有利于微生物活动，可增强生物性能，营养丰富，既可作栽培基质，又是良好的土壤调节剂，并含有很高的有机质、腐殖酸及营养成分。有机质和腐殖酸的含量是泥炭质量的重要指标，有机质含量一般为 40～700 克 / 千克，腐殖酸的含量一般为 200～400 克 / 千克。泥炭可直接用于猕猴桃园地作肥料及土壤改良材料。

（5）沼肥　沼肥是人畜粪便、秸秆、青草等物质经厌氧发酵生成沼气后产生的残渣、肥水等发酵残留物，具有营养成分全面、肥效高、防虫防病的功效，适用于猕猴桃生产。但应注意，沼肥必须出自经过充分发酵、正常产气，而且使用 3 个月以上的沼气池；沼渣可直接作基肥，也可与其他半成品农家肥、适量的过磷酸钙等混合堆沤 1 个月后作基肥。

（二）化学肥料

化肥的出现改变了我国很多地区的传统果业生产方式，也导致农民肥料的使用由传统的农家肥改为各种化学肥料。尽管农家肥养分含量丰富多样，但其有效成分低，肥效发挥不充分且慢，运输不方便，而化肥却含有果树生长发育必需的大量营养元素，如氮、磷、钾和其他营养元素等，使用方便而且发挥肥效迅速，所以果园应用广泛。

1. 化肥特点

（1）**养分含量较高，便于运输、贮藏和施用**　少量施用，肥效就很显著。化肥营养成分比较单一，一般仅含一种或几种主要营养元素。单施一种无机肥料常会发现植物营养不平衡，产生"偏食"现象，所以应经常配合其他无机肥料或有机肥料施用。

（2）**肥效迅速，但后效短**　一般 3～5 天即可见效。因无机肥料多为水溶性或弱酸溶性，故施用以后很快渗入土壤水分中，可以直接被果树吸收利用，但正因为如此，也容易造成流失，故肥效迅速，后效较差。

（3）**长期施用会对果树、土壤及周边环境造成严重影响**　化肥都是由各种不同的盐类组成，土壤中长期大量施用这些肥料会增加土壤溶液的浓度而产生大小不同的渗透压，果树根细胞不但不能从土壤溶液中吸水，反而会将细胞质中的水分倒流入土壤溶液，导致果树受害，典型的例子就是"烧苗"。同时，化学肥料的大量施用严重破坏了果园土壤结构，土壤 pH 发生改变，长期施用还会导致土壤板结。

2. 化肥种类

（1）**按肥效快慢分类**　包括速效肥料（如大部分的氮肥，磷肥中的普通过磷酸钙，钾肥中的硫酸钾、氯化钾）、缓释肥料（如钙镁磷肥、磷矿粉、磷酸二钙、磷酸铵镁、偏磷酸钙等）、控释肥料。

（2）**按酸碱性质分类**　包括酸性化学肥料（如普通过磷酸钙、氯化铵、硫酸铵、硫酸钾等）、碱性化学肥料（如液氨、硝酸钠、硝酸钙等）、中性化学肥料（如尿素）。

（3）**按所含养分种类多少分类**　包括单元化学肥料（如硫酸铵只含氮素，普通过磷酸钙只含磷素，硫酸钾只含钾素）、多元化学肥料（如磷酸铵含有氮和磷）、完全化学肥料。

（4）**按形态分类**　包括固体化肥、液体化肥（如液氨、氨水、溶液肥料）、气体肥料（主要是设施农业中，利用二氧化碳自动发生器，补充二氧化碳，以满足作物光合作用的需要）。

（5）**按起主要作用分类**　直接化学肥料（如氮肥、磷肥、钾肥及微肥等）、间接化学肥料（如石膏、石灰、细菌肥料等）、激素化学肥料（如腐殖酸类肥料）。

（二）施肥时期

猕猴桃植株的生长，可分为地下根系生长及地上部的生长；地上部生长又可分为营养生长和生殖生长，即开花结果。调查发现，猕猴桃的根系生长与枝条生长高峰出现的时间不一致，冬天树枝和根都处于生长的停止状态。早春根的恢复活动和生长在枝条之前。根系生长高峰期，根从土壤中吸收充足的养分和水分后，枝条再从根部获得营养及水分并逐渐进入生长高峰期。在猕猴桃年生长周期中，根系生长出现两个高峰期和一个盛期，而枝条则出现两个盛期和一个高峰期。当根系生长第二个高峰期刚过，处于缓慢生长时，枝条进入高峰生长期。根据猕猴桃枝条生长特点来划分，4月份生长的枝条为春梢，为第一个生长盛期；6月份生长的枝条为夏梢，为生长高峰期；8月份生长的枝条为秋梢，为第二个生长盛期。

猕猴桃与其他果树一样，不同树龄对营养需要差异很大。幼龄果园，即新栽果园，主要是促进枝蔓和根系生长，需肥量不大，但对肥很敏感，要求施足氮、磷肥；结果初期，在施用氮肥基础上，加强磷、钾肥的施用；结果盛期要注意氮、磷、钾的配合施用，合理搭配其他微量元素；老龄猕猴桃园应多施氮肥。不论哪种树龄的猕猴桃园，在管理上都要注意果树营养生长与生殖生长的均衡。

1. 幼龄猕猴桃园施肥量　如果土壤肥力较差或定植时基肥施用量较少，可适当增加施肥量。定植后第一年，每株30克尿素，于4～8月份分3～4次于树下施入。第二年，于3月份株施尿素120克，4～8月份每株再追施尿素60克。第三年于3月份每公顷施尿素250千克，5月份再追施尿素125千克。施肥后结合浇水。定植后第四年或第五年，早果性好的品种已进入结果盛期。

2. 盛果期树施肥

（1）早春追施催芽肥　春季土壤解冻、树液流动后，树体开始活动，此期施肥有利于萌芽、开花，促进新梢生长。催芽肥宜在发芽前施用，以速效氮肥为主（氮肥占全年氮肥用量的1/2～2/3），配以少量磷、钾肥。

（2）花前追肥　时间一般在2月底至3月初，叫催芽肥。春季土壤解冻、树液流动后，树体开始活动，此时花芽正在形态分化，肥料施足有利于花芽良好发育，为多结果打下良好基础。追肥应以速效氮肥为主（氮肥占全年氮肥用量的1/2～2/3），配以少量磷、钾肥。施肥量如4年生树一般每667米^{2}施纯氮8～10千克，纯磷4千克，纯钾4千克。

（3）**坐果后追肥** 时间一般在5月下旬至6月上旬，即开花坐果后的追肥叫壮果肥。落花后30～40天是猕猴桃果实迅速膨大时期（主要是果实细胞数量的增加），此阶段果实生长迅速，体积增大很快，同时新梢生长和叶面积增长也快，缺肥会使猕猴桃膨大受阻，同时影响光合效能。追肥应以速效复合肥为主，施肥量如4年生树每株可施磷酸二铵0.25～0.3千克。若花前已追足量的速效化肥，则花后可不再追肥。

（4）**盛夏追肥** 为使果实内部充实，增加单果重和提高品质，宜在6～7月份追施一次磷、钾肥。为促使后期枝梢成熟，贮存营养，也可叶面喷施速效氮肥1～2次。此期叶面结合喷钙肥还可增强果实的耐贮性。叶面肥料可选用0.5%磷酸二氢钾、0.3%～0.5%尿素液及0.5%硝酸钙。

（5）**秋施基肥** 果实采收后1～2周至落叶前，可对叶面喷施1次0.5%尿素液，以增加叶片光合作用，促进养分向根、茎回流，增加养分储备。采果后叶片内失去大量营养，此时补给树体养分尤为重要，结合果园深翻，宜早施基肥。基肥应以腐熟或半腐熟的有机肥为主，施用量占全年施肥量的60%～70%。根据各地的经验，成龄猕猴桃树，每株可施入50～70千克的厩肥、堆肥或人粪尿等腐熟农家肥，再加施磷肥1～2千克，根据树龄、树势适量补充氮肥。施肥时，应提前将化肥和农家肥充分拌匀。

（三）施 肥 量

常用确定施肥量的方法为营养平衡施肥法，计算公式为：

$$果树合理施肥量 = \frac{（果树吸收量-土壤天然供肥量）}{肥料利用率} \times 100\%$$

据中国农业科学院土壤肥料研究所试验得知，我国三种主要元素的平均利用率为：氮35%、磷20%、钾45%。土壤天然供肥量：氮为1/3、钾为1/2、磷为1/2。果树吸收量的测定方法为：分别测出花、果、叶、枝蔓、根的干重和各种元素的百分含量，再计算出吸收量。这样计算出的数据可供参考，生产中实际确定施肥量时，还要考虑树龄、树势、产量、土质、肥源及经济实力等诸多因素。判断施肥量是否合适，主要靠土壤分析、叶片分析及植株生长发育表观性状观察。由于土壤分析、叶片分析所需费用较高，主要靠实地观察树体表观状况，即缺素症或中毒症，来确定是否需要在常规施肥后，补施单元素肥料。各地猕猴桃果农在生产实践中也积累了比较成熟的经验，如河南省西峡幼龄园的施肥比例为氮：磷：钾＝2：1：1；成龄园则为2：1：2或1：0.8：1。由于各地果园具体情况不同，施肥量的准确判断，主要看是否树壮、叶茂、枝条充实。要求叶片、枝蔓既没有缺素症状出现，也没有元素中毒症状出现，叶片功能期长。春梢、夏梢、秋梢比例合理，空间枝蔓分布合理等。

一般中等肥力的土壤，幼龄树（1～3年生），每公顷施优质农家肥 2 000～3 000 千克；无机肥，纯氮 4～8 千克，纯磷（以五氧化二磷计，下同）3～7 千克，纯钾（以氧化钾计，下同）3.2～7.2 千克。成年树（4年生以上），施优质农家肥 4 000～6 000 千克；无机肥，纯氮 14～20 千克，纯磷 12～16 千克，纯钾 14～18 千克（表6-4）。

表6-4　不同树龄的猕猴桃园建议施肥量　（单位：千克 / 667 米^2）

树　龄	年产量	年施用肥料总量			
		优质农家肥	化　肥		
			纯　氮	纯　磷	纯　钾
1 年生	—	1 500	4	2.8～3.2	3.2～3.6
2～3 年生	—	2 000	8	5.6～6.4	6.4～7.2
4～5 年生	1 000	3 000	12	8.4～9.6	9.6～10.8
6～7 年生	1 500	4 000	16	11.2～12.8	12.8～14.4
成龄园	2 000	5 000	20	14～16	16～18

（四）施肥方法

猕猴桃生产过程中需要各种营养元素平衡，只有各种营养搭配合理，才能使树体生长表现更佳。由于不同肥料成分、性质和作用有较大差异，所以若能将无机肥料和有机肥料进行合理混用，则会很大程度提高肥效。但倘若将属性相反的肥料混用，则会降低肥料的效力。猕猴桃园常见的有厩肥、堆肥和过磷酸钙的混合使用；厩肥、堆肥与钙镁磷肥以及硫酸锌、硼肥的混合使用；人粪尿与少量的过磷酸钙混合使用等。在有机肥和无机肥混用时，因为硝态氮肥与未腐熟的堆肥、厩肥或新鲜秸秆混合堆沤，发生反硝化作用而易引起氮素损失，所以不宜采用；各种腐熟度较高的有机肥料与碱性化肥也不宜混用。

猕猴桃一般1～3年生树，其水平根主要在20～30厘米范围内；成年猕猴桃有50%以上的根系长度位于30～50厘米深的表土层，90%以上根系位于土壤下1米范围内。所以，施肥时应以此为基础，且施肥时不宜离树干太近、太集中，否则会引起烧根死树。

常用的施肥方法有以下6种，具体选用哪种方法，可视树龄而定。幼龄园可选用环状沟施法、架面撒施法、条沟施肥法、穴施法。成龄园可选用放射沟施法和全园撒施法。无论哪种方法，都应盖土深埋，特别是全园撒施法更应撒后中耕。施肥后，应结合土壤墒情浇足水。而叶面喷肥在任何年龄果园都可以灵活使用。

1. 环状沟施肥　在架面投影外缘稍远处或距树干周围1米处，挖深、宽各30～40厘米的环状沟施肥。

2. 放射沟施肥　以树干为中心，在架面投影内、外各40厘米左右顺水平根生长方向挖放射沟4～6条，宽30厘米，深30～40厘米，内浅外深，以免伤根太多。将肥、土混合施入沟内。

3. 条沟施肥　在架面投影外缘两侧各挖一条宽30厘米、深30～40厘米的沟，施入肥料。

4. 穴施　在架面下距主干1米远处挖深40厘米、直径40～50

厘米的穴，数量根据架面大小和肥量而定，将肥料施入。

5. 撒施 包括架面撒施法和全园撒施法，全园撒施肥料后深翻20～30厘米。

6. 水肥一体化 水肥一体化可分为简易水肥一体化施肥和管道水肥一体化施肥。简易水肥一体化施肥是在猕猴桃架面垂直投影外缘附近的区域施肥，施肥深度在25厘米左右；根据树体大小，每棵树打6～8个追肥孔，每个孔施肥5～8秒，注入肥液1.5～2千克，两个注肥孔之间的距离不小于60厘米，每棵树追施肥水12.5～15千克。管道水肥一体化施肥时，每株树体分有4个滴流管，每个滴流管每分钟出肥水0.4千克左右，施肥15分钟，确保每株果树追施肥水20千克。

该种方式由于肥和水结合，非常有利于肥料的快速吸收，肥料利用率得到大幅度提高，和传统施肥方法相比，可以降低施肥量，具有高效性；可以根据猕猴桃树体对养分需求规律，将生长期需要的有机营养通过配方化的方式供应给树体，少量多次，使施肥在时间、肥料种类以及数量上与树体需肥规律实现统一，符合猕猴桃树体生长规律和节奏，具有精准性；其用工量是传统追肥的1/5～1/10，具有省力性；简易水肥一体化技术，不损伤树体根系，不损伤果园土壤结构，具有无损性。

（五）叶面喷肥

叶面喷肥又叫根外施肥，是指将一定浓度的肥料水溶液均匀喷洒在叶片上的一种施肥方法。叶面喷肥方法简单易行，用肥量小，肥效发挥快，可避免某些营养元素在土壤中的固定或淋失损失。叶面喷施肥料在树冠上分布均匀，受养分分配中心的影响小，可结合喷药、喷灌进行，能节约劳力、降低成本。因此，叶面喷肥现正被广泛应用于农业生产中。

1. 选择要有针对性 猕猴桃树体主要是从土壤中吸收营养元素的，土壤中元素的含量对树体的生长起着决定性作用。因此，在选择叶面肥种类前要先测定土壤中元素的含量及土壤酸碱性，有条件的也可以测定树体中元素的存在情况，或根据缺素症的外部特征，确定叶面肥的种类及用量。一般认为，在基肥施用不足的情况下，可以选取氮、磷、钾为主的叶面肥；在基肥施用充足时，可以选用以微量元素为主的叶面肥。例如，猕猴桃膏药病是由于树体缺硼引起的，一般采取叶面喷施 0.3% 硼酸液和 0.3% 硼酸二氢钾混合液 1～2 次的方法，并结合土壤施硼肥，即可取得良好效果。

在传统的果树管理中，一般都强调果树生长后期应喷施磷、钾肥，而不喷氮肥，以促进枝条成熟，早日进入休眠状态。现在要说明的是，在猕猴桃树体落叶 2 周前进行 3% 左右浓度的叶面喷布氮肥，对果树氮素营养的积累是十分有益的。尽管喷布浓度较高，但是由于秋季温度低，所以不会因叶片衰老而造成树体伤害。果树在春季开花展叶时，需要消耗枝条中大量贮藏的氮营养，而枝条中的氮营养主要是由其前年秋季积累和贮存的，特别是在树叶脱落之前，将有大量氮素转移到枝条中。所以，如果此期能叶面喷氮，会使叶内含氮量显著提高，且可以很快转移到各类枝条中。这样有利于枝条内贮存氮含量的迅速提高，有利于花芽发育，进而提高翌年开花质量和坐果率，并使树体产量稳定。该方法是对叶面喷肥技术的一项改革。

钾离子水合作用较弱，能有效地减弱果树叶片蒸腾失水的强度，增强果树的抗旱、抗高温能力，而且还可促进树体内碳水化合物的运转，增强果树抗病、抗虫的能力。利用钾离子的该种特点，可以在山坡、丘陵或者其他没有灌溉条件的猕猴桃园，采取夏天喷草木灰的方法进行补水、增肥。夏季气温高，叶片蒸腾量大，失水较多，有时会造成树体萎蔫而严重影响光合作用。这时连续喷 1～3 次 5%～6% 浓度的草木灰浸出液（新鲜草木灰 5～6 千克，加清水 10 升，充分搅拌后浸泡 14～16 小时，过滤除渣，用澄清液喷布），能增加树体的含钾量。

2. 溶解性好　由于叶面肥是直接配成溶液进行喷施的，所以叶面肥必须溶于水。否则，叶面肥中的不溶物喷施到树体表面后，不仅不能被吸收，有时甚至还会造成叶片损伤。因此，用作喷施的肥料纯度应较高，杂质应较少，一般肥料中水不溶物应小于5%。例如，喷施钙肥通常选用氯化钙水溶液，而不采用碳酸钙水溶液。

3. 酸碱适宜 营养元素在不同的酸碱性下有不同的存在状态。要发挥肥料的最大效益，必须有一个合适的酸度范围，一般要求pH在5～8。pH值过高或过低，除影响营养元素的吸收作用外，还会危害树体。

4. 浓度适当 由于叶面肥是直接喷施于猕猴桃树体的地上部表面，与根部施肥不同的是失去了土壤的缓冲作用。因此，一定要掌握好叶面肥的喷施浓度。浓度过低，树体接触的营养元素量少，使用效果不明显；浓度过高，往往会灼伤叶片造成肥害。微量元素可以土施也可以叶面喷施，但由于有些微量元素在土壤中很容易沉淀而失去有效性，所以生产中最好采用叶面喷施。果树常用叶面喷肥的种类、浓度、喷肥时期、次数等见表6-5。

表6-5　果树常用叶面喷肥的种类、浓度、喷肥时期、次数等

肥料名称	浓度（%）	喷肥时期	次　数	备　注
尿　素	0.3～0.5	花后至采收后	2～4	不能与草木灰、石灰混用
	2～5	落叶前1个月	1～2	
	5～10	落叶前2周	1	
腐熟人尿	15	生长期	1～2	不能与草木灰、石灰混用
过磷酸钙	2～3（浸出液）	花后至采收前	3～4	—
磷酸铵	0.5	生长期	2～3	—
磷酸二氢钾	0.2～0.5	生长期	2～4	—
硫酸钾	2	花后至采收前	2～4	—
硝酸钾	0.5～1	花后至采收前	2～3	—
硫酸镁	2	花后至采收期	3～4	—

续表 6-5

肥料名称	浓度（%）	喷肥时期	次数	备　注
硝酸镁	0.5～0.7	—	2～3	—
硫酸亚铁	0.5	花后至采收期	2～3	防治黄叶病
	2～4	休眠期	1	
硫酸锌	0.05～0.1	生长期	1	防治小叶病
	2～4	休眠期	1	
氯化钙	1～2	花后至 4、5 周	1～7	防治水心病、木栓病
	2.5～6	采前 1 个月	1～3	
硫酸铜	0.05	花后至 6 月底	1	
	4	休眠期	1	
硼　砂	0.2～0.3	花期落瓣前后	1	提高坐果率及防治缺硼
硫酸锰	0.2～0.3	花后	1	
钼酸铵	0.3～0.6	花后	1～3	—

5. 随配随用　肥料的理化性质决定了有些营养元素容易变质，所以有些叶面肥要随配随用，不能久存。如硫酸亚铁叶面肥，新配制的水溶液应为淡绿色、无沉淀，如果溶液变成赤褐色或产生赤褐色沉淀，说明硫酸亚铁已经被氧化成硫酸铁，肥料有效性已大大降低。硫酸亚铁形成沉淀和氧化速度，同配制该溶液的水质偏碱和钙含量偏高有关。因此，为了减少沉淀生成，在配制硫酸亚铁溶液时，可在每 100 升水中先加入 10 毫升无机酸，或食醋 100～200 毫升（100～200 克），使水酸化后，再用此水溶解硫酸亚铁。当然也可以使用一些有机螯合铁肥，如黄腐酸铁、铁代聚黄酮类来代替硫酸亚铁。

6. 喷施时间要合适　喷施前应注意收听当地气象广播，为了延长肥料溶液湿润叶面的时间，促进叶面吸收，叶面肥的喷施时间最好选在阴天或晴天的早晨和傍晚无风时进行，这样可以延缓叶面雾滴的风干速度，有利于养分向叶片内渗透。喷施叶面肥后如遇大雨，应重新喷 1 次。喷施要从叶片背面向上喷，使叶片正反面都潮湿，喷时要均匀。为了发挥叶面肥的最大效益，应根据猕猴桃树体的生长情况选择最关键的喷肥时期，以达到最佳效果。

（六）主要营养元素作用与缺素诊治

猕猴桃对各类矿质元素需要量大，而且不同生育阶段的树体对各种营养元素的吸收量差异也较大。早春萌芽期至坐果期，氮、磷、钾、镁、锌、铜、铁、锰等，在叶中积累量为全年总量的 80% 左右；果实膨大期，氮、磷、钾等营养元素逐渐从枝叶转移到果实中。据对叶的分析，猕猴桃对氯有特殊的喜好。一般作物需氯元素为 0.025% 左右，而猕猴桃为 0.8%～3.0%，特别在钾缺乏时，树体对氯元素有更大的需求量。

1. 氮 肥

（1）**作用** 氮有利于根、枝、叶的生长，能提高坐果率，促进花芽分化及果实膨大。氮素的增产效应是通过增加枝叶生长，然后增加结果量来实现的。

（2）**症状** 缺氮一般在老叶中优先表现，病叶不易出现斑点。猕猴桃树体健康叶氮含量为 2.2%～2.8%，当含量下降至 1.5% 时叶片从深绿色变为浅绿色，甚至完全变为黄色，但叶脉仍保持绿色，老叶顶端叶缘为橙褐色日灼状，并沿叶脉向基部扩展，坏死组织部分微向上卷曲。缺氮果实小，商品价值低。缺氮多发生在管理粗放的果园中。

（3）**防治方法** 定植时结合挖定植穴，施足基肥是至关重要的环节。另外，可采取土壤追肥或叶面喷肥的方法来补充氮肥，也可于秋季施基肥时补充一些氮肥。

2. 磷 肥

（1）**作用** 磷肥能促进花芽分化、果实发育和种子成熟，增进果实品质、促进根系扩展，使树体抗寒、抗旱，而且还可提高根系的吸收能力，促进新根的发生和生长。

（2）**症状**　磷肥过剩，会抑制氮素和钾素的吸收，引起生长不良；还可使土壤中或植物体内的铁钝化，导致叶片黄化，产量降低；还能引起树体内锌素的不足。磷素集中分布在生命活动最旺盛的器官，幼叶中磷的含量多于老叶，且稍高于新梢。

缺磷肥叶片一般不易出现斑点，磷素不足会使猕猴桃树叶变小，健康叶含磷量为 0.18%～0.22%，低于 0.12% 时出现缺磷症状，老叶优先出现叶脉间失绿，叶片呈紫红色，背面的主、侧脉红色，向基部逐渐变深。

（3）**防治方法**　缺磷时，可于生长后期追施速效性磷肥（如磷酸二氢钾或磷酸氢铵等），或秋施基肥时结合施一些缓效性磷肥（如过磷酸钙等）。

3. 钾　肥

（1）**作用**　适量钾素可促进果实肥大和成熟，降低果实含酸量，显著提高果实硬度及可溶性固形物、淀粉与维生素 C 含量，并且可提高果实品质和耐贮性。此外，钾素还可以促进树体的加粗生长和组织成熟，进而增强树体的抗逆性。

（2）**症状**　钾素过剩时，果肉变得松软，果实耐贮性降低；抑制树体对镁和钙的吸收，导致树体缺镁症和缺钙症的发生。

缺钾是一种比较普遍发生的养分失调现象，而在许多情况下，缺钾引起的叶部症状却被误认为是由干旱或风害引起的。通常猕猴桃叶片含钾量为 1.8%～2.5%，若下降到 1.5% 以下则会呈现缺钾症状。缺钾的最初症状是萌芽时长势差，叶片小；随着缺钾加重，叶片边缘向上卷起，在高温季节的白天症状尤其突出，到了晚间此症状又消失。缺钾症进一步发展时，叶片会长时间上卷，支脉间的叶肉组织向上隆起，叶片从边缘开始褪绿，褪绿由叶脉间向叶中脉扩展，多数褪绿组织变褐坏死，叶片呈焦枯状，直至破碎、脱落。果实数量和大小都会因缺钾症受到影响而减产。

（3）**防治方法**　缺钾时，可于开花后至采收前追施 2～3 次钾肥（如硫酸钾、磷酸二氢钾等），或秋施基肥时结合施入一些钾肥。

4. 铁　肥

（1）**作用**　铁元素参与植物的基本代谢，在蛋白质的合成、叶绿素的形成、光合作用等生理生化过程中都起到重要作用。

（2）**症状**　铁过量时叶片会发生中毒症状。铁中毒症状主要表现在成熟叶片边缘，褪绿变成黄绿色至黄褐色，严重时叶缘变成褐色，出现坏死组织区，且叶缘稍卷起以至叶片脱落。

铁中毒症状，多出现在含铁矿石成分高或用含铁量较高的水灌溉的果园。缺铁症在我国很多地区，尤其是在土壤石灰量较多、pH＞7 的猕猴桃园比较常见。该症状在树体的新生组织中优先出现。其表现是：幼叶叶脉间失绿，逐渐变成淡黄色和黄白色，有的整个叶片、枝梢和老叶的叶缘都失绿，叶片变薄、容易脱落，果小而硬，果皮粗糙。

（3）**防治方法**　酸性土壤缺铁时，可结合施基肥施入 EDTA 铁钠、黄腐酸二铵铁、FCU 复合铁等有机铁。碱性土壤缺铁时，可先结合秋施基肥混用硫磺粉，一般土壤每降低 1 个 PH，就施 60 千克。土壤改造为偏酸性后再施入硫酸亚铁。生长期发现缺铁症状可在叶面喷施 0.5% 硫酸亚或各种叶面施用的螯合铁，铁可使叶片转绿。

5. 锰　肥

（1）**作用**　锰主要是对根系的发育及果实、种子的形成有影响。

（2）**症状**　锰过量也是猕猴桃生产上较常见的，其中毒症状是沿老叶主脉集中出现有规律的小黑点，这一特点区别于其他养分失调现象。锰中毒多发生在酸性土壤或排水性很差的果园。

猕猴桃在生长中期，当营养枝上成熟叶片含锰量低于 30 毫克 / 千克干物质时就会表现出缺锰症状，此时新成熟叶片边缘失绿，进而侧脉以及主脉附近失绿，小叶脉间组织向上隆起，并有光泽，最后仅叶脉保持绿色。缺锰常见于石灰过多的土壤，即 pH 高于 7.0 的碱性土壤。

（3）**防治方法**　锰过量时，可以通过施用石灰来提高土壤 pH，以减少可溶性锰或改善果园的排水系统来矫正锰中毒现象；缺锰时，可施用碾细的硫磺、硫酸铝或硫酸铵，使土壤变酸而释放出猕猴桃此前无法利用的锰。

6. 硼　肥

（1）**作用**　硼能促进花芽分化和花粉管生长，对果实发育也有影响；适量的硼能提高果实维生素和糖的含量，改善果品品质；还能促进根系发育，增强其吸收能力。

（2）**症状**　猕猴桃新成熟叶片中硼的正常含量为 40～50 毫克 /千克干物质，当叶片中的含量超过 100 毫克 / 千克干物质时，就会出现硼中毒现象。症状为老叶脉间失绿，并逐渐扩大到幼叶。幼叶呈杯状卷曲，组织坏死。在风吹日晒下坏死组织呈银灰色，质脆易碎，呈撕破状。据国外研究，在每公顷施用量超过 2 千克硼肥或灌溉水中每升水含量达 0.8 毫克硼时就会出现硼中毒。

当新成熟叶片中硼的含量低于 20 毫克 / 千克干物质时，幼叶的中心就会出现不规则黄色，随后在叶的主、侧脉两边连成大片黄色，未成熟的幼叶扭曲、畸形，枝蔓生长受到严重影响。缺硼时顶芽容易枯死。缺硼症状在沙土、砾土地发生较多。

（3）**防治方法**　轻度缺硼时，可于每年开花期和落花后各喷 1次 0.3% 硼砂或硼酸溶液；严重缺硼时，可在树周围沟施硼砂或硼酸，幼树每株 100～150 克，初果期树每株 150～200 克，盛果期树每株 250～500 克。多施有机肥，增加土壤中的有机质含量，也可提高土壤中可给态硼的含量。因此，土壤中施硼肥可结合有机肥一同施入，施后灌水，有效期可达 3～5 年。

7. 锌　肥

（1）**作用**　锌元素能影响生长素的合成；可提高树体抗逆性。

（2）**症状**　沙地、偏碱地以及瘠薄的山地猕猴桃园容易出现缺锌现象；土壤中磷素多、施磷肥过早，也会影响猕猴桃对锌的吸收而表现出缺锌症。缺锌容易使叶片产生斑点症状，而且在老组织中优先表现，具体表现为叶小簇生、老叶脉间失绿、叶面斑点在主脉两侧先出现；同时，缺锌会影响侧根的发育。健康叶片的含锌量为

15～28 毫克 / 千克干物质，在 12 毫克 / 千克干物质以下时，出现缺锌的外观症状。

（3）**防治方法**　当出现轻微缺锌症状时，可在盛花后 3 周，叶面喷施 0.3% 硫酸锌或氯化锌溶液，若加入 0.5% 尿素效果会更好。严重缺锌时，可于春季猕猴桃萌芽前喷施 1 次 4% 硫酸锌溶液，当年有效；也可在秋施基肥时，每株成年树施入硫酸锌 100～150 克，当年效果不明显，2 年后效果显著，持续期 3～4 年。

8. 钙　肥

（1）**作用**　适宜的含钙量可延迟果实衰老，提高果实硬度，增强果实耐贮性。

（2）**症状**　缺钙时，叶尖呈弯钩状，并互相粘连，不易伸展。新生叶优先出现叶脉颜色暗淡、坏死等现象，并逐渐形成坏死组织斑块，然后叶片干枯、脱落，最后枝梢死亡。缺钙严重时还会影响根系发育，造成根尖死亡、根尖附近产生大面积坏死组织。一般植株的叶片含钙低于 0.2% 时就会出现上述症状。

（3）**防治方法**　在土壤中施入过磷酸钙、硝酸钙等可防止缺钙症状的发生。

9. 镁　肥

（1）**作用**　适量的镁可促进果实肥大，增进果品品质。

（2）**症状**　缺镁现象在猕猴桃果园比较常见，主要发生在一年生长的中、晚期。缺镁时，叶片易出现斑点症状。其表现为：当年生成熟叶的叶脉间或叶缘明显失绿，叶上出现清晰网状脉纹，有多种色泽斑点和斑块，叶片基部近叶柄处仍保持绿色。健康叶的含镁量在 0.3%～0.4%，新形成的叶片在 0.1% 以下就可出现缺镁症状，严重时叶片失绿、组织坏死，坏死组织与叶脉平行，形成马蹄形。

（3）**防治方法**　缺镁果园可施用硫酸镁，单株每年施用量因树龄大小而异。酸性土壤可施用生石灰，也可叶面喷洒 0.3% 硫酸镁溶液。

10. 硫　素

（1）**作用**　硫与碳水化合物、脂肪和蛋白质的代谢有密切关系。

（2）**症状**　缺硫时叶片生长缓慢，幼嫩组织首先出现症状。嫩叶叶片呈浅绿色至黄色，褪绿斑逐渐扩大，仅在主、侧脉结合处保留一块楔形的绿色。缺硫严重时，嫩叶的脉网组织全部褪绿，与缺氮症状的主要区别是缺硫叶脉也失绿，而叶缘不焦枯。正常叶片含硫量为 0.25%～0.45%，在低于 0.18% 时表现出缺硫症状。

（3）**防治方法**　可通过施硫酸铵、硫酸钾等肥料进行调整。

11. 氯　肥

（1）**作用**　氯和叶片的光合作用及水合作用有关。

（2）**症状**　猕猴桃对缺氯表现敏感。缺氯初始是在老叶顶端主、侧脉间分散出现片状失绿，从叶缘向主、侧脉扩展；老叶常反卷呈杯状，幼叶面积减小；根生长减缓，离根端 2～3 厘米的组织肿大，常被误认为是根结线虫的囊肿。在雨水较多的地区，土壤中的氯素易被淋溶而损失。当植株体内每千克干物质含氯低于 0.6% 时，即可出现上述缺氯症状。

（3）**防治方法**　每 667 米^2 施 10～15 千克氯化钾肥料，肥料分 2 次施入，两次间隔 20～30 天。

三、水分调节

（一）水　分

水是植物光合作用的原料，是生命活动的基础。夏季干旱使猕猴桃树体温度升高，在强光暴晒下，叶片和果实都可能发生日灼，甚至落果。水分不足还可以影响猕猴桃果实的膨大。若在猕猴桃生长的前期缺水，则叶片变小；在果实发育期缺水，果实变小；若长期干旱，则势必造成叶片的永久性萎蔫，以致干枯落叶。

（二）灌溉时期

猕猴桃属肉质根类植物，根系分布较浅，叶片大，蒸腾作用强，耐旱性差，对土壤中水分、空气很敏感。关于灌水的合理时期，不是等树体已经从形态上显露出缺水状态时才进行灌水，而是在树体受到缺水影响以前就要进行。一般在相对土壤持水量为60%～80% 范围内，土壤中的水分与空气状况最符合猕猴桃树体生长发育的需要。此时土壤毛细管中保持着根系吸收利用的水分，且在较大土粒间含有充足的空气，可保证根系对氧气的需要。因此当土壤含水量低于田间持水量的60%时，虽然土壤并不表现干旱症状，但也要及时进行灌水。"水分当量"是指土壤内水分减少到不能移动时的水量，此时根系吸收水分困难，树体陷于缺水状态。土壤水分如果继续减少，那么树体生长困难，终至萎蔫死亡。植株发生萎蔫时的土壤绝对持水量称萎蔫系数。不同土质的持水量、萎蔫系数的含水量各不相同，表6-6可作为测定土壤含水量的数据参考。

表6-6　不同土壤的绝对持水量

土壤种类	持水量（%）	持水量的60%～80%（%）	水分当量（%）	萎蔫系数（%）	容积比重
细沙土	28.8	23.0～17.3	5.0	2.7	1.74
沙壤土	36.7	29.4～22.0	10.0	5.4	1.62
壤　土	52.3	41.8～31.4	20.0	10.8	1.48
黏壤土	60.2	48.2～36.1	25.0	13.5	1.40
黏　土	71.2	57.0～42.7	32.0	17.3	1.38

在不同的生长发育时期，猕猴桃对水分的需求也不一样。

1. 萌芽期和新枝生长期　从3月上中旬至5月中旬，花芽进行形态分化、新梢旺长，需要有充足的水分供应。若土壤墒情不足，则应及时灌水，以促使发芽、新梢生长，利于植株展叶、扩大叶面积，提高光合效能，并有利于开花、坐果。

2. 花期　一般从4月底至5月中旬，在温度、湿度和阳光充足的条件下，花期一般持续时间较长，而在高温干旱且无灌溉条件的情况下，花期较短，影响有效授粉期。同时，该段时间新梢生长较为迅速，水分供应充足有利于新梢萌发生长，水分缺乏则新枝的数量和生长都会受到影响。该段时间是猕猴桃树体的营养生长期，也称第一关键期，土壤湿度宜控制在 80% 左右。

3. 幼果膨大期　一般在 6 月上中旬，此阶段受精后的猕猴桃子房迅速膨大，营养生长和生殖生长并进，器官建成量大，又是树体从主要利用树体本身贮藏营养转向主要依靠当年合成营养的时期，对水肥都比较敏感，是需水临界期，应视土壤墒情浇足水，减少枝、果对水分的竞争。水分不足，幼果生长营养不良，新梢生长受阻，叶缘枯萎，叶片皱缩。这段时间水分供应最好均匀适宜，幼果才能生长良好，最好使用喷灌设施。此期的灌水在半干旱的河南省、陕西省等猕猴桃栽培区特别重要。

4. 果实迅速膨大和混合芽形成期　一般在 7～8 月份，此阶段果实迅速膨大、混合芽进行生理分化，是猕猴桃树体需水高峰期，也称第二关键时期。外界温度高、光照强，树体叶片、果实均容易受到日灼伤害，适时喷灌可以降低叶面温度，增加田间小气候湿度条件，避免日灼伤害，同时能促进枝、叶的生长，果实的发育以及混合芽生理分化。此时期土壤的适宜湿度条件对果实膨大速度、当年产量以及翌年产量都影响很大。灌水不及时或灌水不足，将导致植株大量落叶、落果，花芽分化能力降低或停止，甚至枯枝死树。土壤水分供应最好稳定、持续，但不可灌水过多，以防积水及叶部病害的发生，注意保根护叶。

5. 果实成熟期　主要是猕猴桃着色和糖分转化的时期，土壤湿度不宜过高，否则就会使猕猴桃贪青晚熟，影响其果品质量和价格。另外，水分过高也会引起个别品种裂果。同时，枝条也会出现组织不充实的观象，影响其越冬时的抗寒能力。

6. 冬眠期　自前一年的 12 月中下旬至翌年 2 月下旬，此阶段主要工作是进行冬季修剪、果园土壤深翻、消灭越冬害虫等。落叶入冬时结合施基肥，充分灌水，以促进基肥分解、提高树体抗寒能力。

（三）适宜灌水量

最适宜的灌水量应是灌溉时使猕猴桃植株根系分布范围内的土壤湿度达到田间最大持水量的60%～80%。灌水量过少，只浸润表层土壤，不仅不能达到灌溉的目的，且易引起根系上返、土壤板结；若一次灌水量过大，则土壤通气不良，也不利于猕猴桃植株的生长发育。根据猕猴桃浅根系的特征，浇水浸润土层50厘米左右即可。沙地猕猴桃园保肥、保水力差，宜少量多次浇灌，以免水分和养分流失。

猕猴桃最忌土壤盐碱，所以建园时如果土壤偏碱的话，每次灌水量不可太大，以免地下水位升高，土壤碱性增强，更不利于树体生长。不同土壤种类在水分当量时的灌水量如表6-7所示。

表6-7　不同土壤种类在水分当量附近时的灌水量

土壤种类	最低灌水量（达持水量的60%）		理想灌水量（达持水量的80%）	
	相当降雨量（毫米）	667米² 灌水量（升）	相当降雨量（毫米）	667米² 灌水量（升）
细沙土	29	18 840	126	81 600
沙壤土	39	24 840	125	81 600
壤　土	34	22 084	129	83 640
黏壤土	30	19 740	130	84 240
黏　土	28	18 120	137	88 800

猕猴桃产区的果农在生产实践中，都不同程度地积累了一定的生产经验，如河南省西峡县的果农在科学用水的方面基本原则是：冬浇足、春浇早、夏控水、秋排涝。根据土壤墒情，保证灌足三水，即萌芽水、果实膨大水、越冬水。

（四）灌溉方法

灌水方法有多种，可根据经济条件、地块位置、水源丰缺等因素选择适宜的灌水方法。

1. 沟灌　又叫浸灌。有水源的猕猴桃果园，在行间或猕猴桃栽植行（高畦栽培）进行自流灌溉。该种灌水方法的优点是：便于机械操作，灌溉水经沟底和沟壁渗入土中，利于果园土壤均匀湿润，并可防止土壤板结，是较好的灌水方法。但应注意灌水后覆盖、锄杂草。

2. 穴灌　在猕猴桃植株架面投影的外缘，挖直径约 30 厘米的穴若干个，灌后先用草覆盖住穴的上部，然后用土封穴，既可减少水分蒸发，又方便日后浇水。此法用水经济，土壤浸润较均匀，适于水源不足的园地使用。

3. 滴灌　又叫滴水灌溉，是将具有一定压力的水，通过管道和特制的毛管滴头，将水一滴一滴地渗入到猕猴桃根际的土壤中。该方法不仅能使土壤保持最适的树体生长状态，而且能维持良好的土壤通气结构。整个系统包括控制设备（水泵、水表、压力表、过滤器、混肥罐等）、干管、支管、毛管和滴头等。近年的实践中可以看到，滴灌中滴头的质量至关重要，质量不好很容易发生堵塞，而且更换及维修比较困难。

滴灌是一种用水经济、省工、省力的灌溉方法，特别适用于缺少水源的干旱山区及沙地。滴灌比喷灌节水 36%～50%，比漫灌节水 80%～92%。由于供水均匀、持久，根系周围环境稳定，所以此法十分利于猕猴桃树体的生长、发育，一般可增产 25% 以上。滴灌时间应掌握湿润根系集中分布层为度；滴灌间隔期应以猕猴桃树体生育进程的需求而定。有个别果园管理者习惯于昼夜不停地使用滴灌，很容易导致土壤水分过于饱和，造成湿害。

4. 喷灌　喷灌是利用机械将水喷射成雾状进行灌溉。整个喷灌系统包括水源、进水管、水泵站、输水管道、竖管和喷头几部分。应用时可根据土壤质地、湿润程度、风力大小等调节压力，选用合适的喷头确定喷灌强度，以便达到无渗漏、无径流损失、不破坏土壤结构，以及均匀湿润土壤的目的。喷灌可节约用水（用水量为地面灌溉的 1/4）、保护土壤结构、调节果园小气候、清洁叶面；遇到霜冻时可减轻冻害；炎热的夏季可以降低叶温、气温和土温，防止高温日灼伤害。喷灌可以结合喷洒农药和喷施液肥同时进行，是一种较理想的灌溉方法。

5. 微喷　微喷结合了喷灌与滴灌两种技术的优点，克服了两者弊端，比喷灌省水，比滴灌抗堵塞，供水较快。它是利用低压水泵和管道系统输水，在低压水的作用下，通过特别设计的微型雾化喷头，把水喷射到空中，并散成细小雾滴，洒在猕猴桃叶上或架面下地面的一种灌水方式。

6. 埋土罐法　该法为土法节水灌溉技术，适应于干旱缺水果园。具体做法：结果园每株树埋 3～4 个泥罐，罐口高于地面，春天每罐灌水 10～15 升，用土块盖住罐口，一年施尿素 3～4 次，每次每罐 100 克。当雨季来到时，土壤中过多的水分可以从外部向罐内渗漏，降低土壤湿度，创造根系生长的适应小气候，此法简单易行。

7. 塑料袋简易滴灌　该法适合于经济条件较差的山地果园。它是由塑料滴管和塑料贮水袋组成的一种简易滴灌装置，具有取材容易、制作安装简便等优点。具体制作方法：第一，按每株树 30～35 升的注水量准备塑料袋（可用不漏水的旧化肥袋代替），袋内贮水。第二，用直径 3 毫米、长 10～15 厘米的塑料管作滴管，用剪刀将滴管一端剪成马蹄形，在马蹄形的端部留一米粒大小的小孔，其余部分用火烘烤黏合；把滴管另一端平剪，插入塑料袋内1.5～2 厘米，然后用细绳或细铁丝绑扎紧滴管与塑料袋的连接处（不能漏水），水滴渗出速度以每分钟 110～120 滴为宜，出水量约每小时 2 升左右。第三，在架面外围投影的地面位置挖 3～5 个（根据树体大小而定）等距离的坑，坑深 20 厘米左右，向外倾斜 25°。第四，将制作好的水袋顺斜度放入坑内，将滴管埋入树冠外缘下方40 厘米深的土层中。应注意的是因为水袋平放压力小，出水困难，所以放置水袋时不能平放。滴管所处的位置要在架面外缘的下方，这样有利于水分被根系充分吸收。为防止塑料袋老化，延长其使用寿命，可在袋上覆盖一层薄土或用其他东西遮盖。这样安置好后，以后每次浇水时，只需往塑料袋中注水即可。

8. 果园渗灌　该种方法的原理、结构组成与滴灌较为相同。不同的是渗灌没有滴头，水不是经过滴头一点一点地向外滴出，而是直接在管壁上打孔，在压力作用下，经常连续性地喷射而出。另外不同的是渗灌的材料、设计和安装更为简易、灵活、节材省工、成本低，更适于推广应用。

（五）经济有效的果园保墒方法

1. 耕翻或刨树盘　秋季耕翻有利于熟化土壤、积蓄雪水；夏季翻地或刨地，有利于疏松土壤、蓄水保墒。

2. 果园地面覆草和穴贮肥水的增肥补墒法　这种方法是山东农业大学束怀瑞院士针对我国北方果区，尤其是山地、坡地、滩地和不能浇水的果园土壤中有机质含量低、肥力不足、严重干旱等问题，设计的节约灌溉用水，集中使用肥、水和加强自然降水的蓄水保墒的一项管理技术。本法主要是在果园覆盖地膜，防止土壤水分蒸发，并在根系集中分布层埋一定数量的草把，将施入的肥水贮藏起来，逐渐地释放养分，减少肥水流失，从而使果树全年肥水供给稳定，达到增产壮树的目的。

具体做法：发芽前深翻整平地面，施足基肥，于猕猴桃架面投影边缘向外 20～50 厘米处，根据架的大小，在根系集中分布区外围挖直径 25～30 厘米、深 30～40 厘米的穴。穴的数量应依据树体大小、土壤状况而定。幼龄树或山地果园挖 3～4 个穴，成年大树挖 6～8 个不等。挖穴时，可用麦秸、谷草、玉米秆和杂草等捆扎在一起形成一个草把，草把粗 20 厘米左右，长度比穴深短 3～5 厘米，为 30～35 厘米，将草把用水、尿混合液或 10% 尿素液浸泡 2 天左右，使其充分吸收肥水。然后将草把垂直放入挖好的穴中，用混有少量过磷酸钙（每穴用过磷酸钙 50～100 克、氯化钾

50～100克、尿素50克）的土填入草把周围，踏实，草把上端覆盖少量的土，再撒入50～100克尿素，或以氮∶磷∶农家肥＝1∶1∶50的比例混合的肥料与土拌匀后回填于草把周围空隙中，踏实。穴面要低于地面2～4厘米，形成一个小坑，以利于积水，每穴再浇10升左右的水。然后将树盘地面修整平，以树干为中心覆上厚地膜，贴于地面，四周用土压实封严，并在各个穴的中心处捅一个孔，平时孔上压住石头以利保墒。覆膜后的施肥灌水都是在各个孔穴上进行的（图6-1）。按照猕猴桃树体水分和肥料的需求情况进行肥水供应。一般在花后、新梢停长和采果后三个时期，每穴各施50～100克三元复合肥或尿素，同时灌入7～10升水。

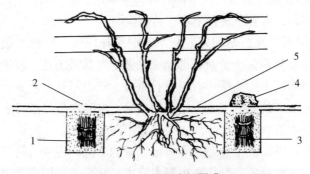

图6-1　穴贮肥水加覆膜

1.贮肥穴　2.浇水施肥孔　3.草把　4.石头　5.塑料薄膜

3. 整修树盘　以主蔓为中心，以架面投影外缘为界，筑土埂垒成长畦状，除供干旱时树盘浇水用外，平时还可积蓄雨水。

4. 清耕法　时间在雨季到来之前和果实采收前后，对果园进行中耕。清耕法既能防止土地返碱，又能保墒，适于干旱和半湿润地区、盐碱地，以及降水量大、土质黏重的果园。

5. 整修梯田，挖截流沟，增施有机肥　整修梯田、挖截流沟是防止山地土壤水土流失的有效方法。结合深翻增施有机肥，使土壤有机质含量达到1%以上，以具备蓄水、保墒的良好结构。

6. 应用化学抗旱保水剂 随着我国干旱问题日趋加剧，近年来保水剂（英文名称为 SAP）的研究得到迅速发展。保水剂已在造林、种草，经济作物、果树栽培等方面得到广泛的应用，取得了明显的社会、经济和生态效益。应用较多的化学抗旱保水剂主要有土壤保水剂、土表蒸发抑制剂和植物蒸腾抑制剂，其作用的基本原理是利用它对水分的调控作用，减少土壤水分蒸发或植物蒸腾量，提高水分利用率和作物抗旱能力，达到高产、稳产的目的。果园常用的是土壤保水剂，它是一种土壤抗旱节水材料，外形以颗粒和粉末为主，白色，酸碱度呈中性，不溶于水，但能吸收比自身重数百倍的水分，且其重量的 85%～95% 属于果树可以直接利用的有效水分。

（1）保水剂的功效

①保肥增效 由于保水剂具有吸收和贮存水分的功能，因此它可以将保存在水分中的化肥、农药等营养物质保存起来，减少可溶性养分的淋溶、损失。保水剂与化肥、农药等混合使用时，可增效、缓释，起到提高土壤肥力的效果。

②抗旱保水 保水剂就像一个海绵，它可以反复吸收水分，又可以不断释放水分，供种子和作物不断吸收。这样可以保证植物生长对水分的需求，可有效控制水分蒸发、提高土壤饱和含水量、减缓土壤释水速度和水分的渗透流失，达到抗旱保水的目的。土壤保水剂的保水作用，是通过最大限度利用自然降雨、防止水分下渗和减少土壤水分蒸发来实现的。据张国桢等（2003）在猕猴桃树上穴施保水剂处理研究表明：土壤中保水剂含量在 0.01%～0.05% 范围时，土壤团粒结构增加较为明显，地面蒸发明显降低，pH 有降低的趋势（降低 0.1～0.2），速效磷含量有所提高；每株施 40 克保水剂为最佳经济使用量；保水剂使猕猴桃的根冠比趋于合理，具有明显提高商品果比例的效应；配合微肥施用可减缓黄叶病的发病程度，提高树体抗性，改善果实品质。具体见表 6-8。

表6-8　保水剂对猕猴桃植株的影响

处　理	春梢平均长度（厘米）	叶果比	每枝平均结果数	产量（千克/株）	产量增幅（%）	100克以上果实率（%）	40厘米深度土壤孔隙度（%）	90%根系分布深度（厘米）	根量（根数/100厘米²）
对照	98	5.6：1	2.5	11.6	—	52.4	39	4.5	50
10克	102	5.8：1	2.7	12	3.5	74.2	42.3	68	53
40克	113	6.5：1	2.0	13	12.1	86.1	43.2	65	78
70克	110	6.3：1	3.1	14	20.7	86.9	44.6	70	60

③改善土壤结构　保水剂施入土壤后，由于其吸水膨胀，增加了土壤液相比例，可使土壤由紧致变得疏松，增加了土壤团粒结构，从而改善土壤通透性。

④保温性　保水剂由于吸收了大量水分，白天的很多太阳热能都可以被其吸收、保存下来，用以调节夜间低温，从而降低土壤昼夜温差。在沙壤土中混进0.1%～0.2%的保水剂，对其10厘米土层的监测表明，保水剂对土温升降有缓冲作用，使昼夜温差减小在11℃～13.5℃之间；而没有保水剂的土壤昼夜温差在11℃～19.5℃之间。

（2）保水剂的使用方法

①种子涂层包衣　将保水剂与清水按1：100比例混合，搅拌10分钟后静置5小时左右，待充分形成水凝胶后，拌入种子中搅拌均匀。每袋保水剂500克可拌种子30千克，拌匀后堆闷4～6小时后播种，也可将化肥、微量元素、农药及填充物按比例造粒成丸后播种。

②移栽蘸根　按1%浓度将保水剂溶于清水中做成凝胶，再将猕猴桃幼苗蘸根即可。此法可用于猕猴桃苗木幼苗栽种或长距离运输，可明显提高幼苗成活率。

③拌土使用　按每公顷37.5～75千克比例，先将保水剂与细土混合后，均匀施入沟或穴内，浇水后用土将沟填平即可。可与任何肥料、农药等混合使用。

（六）排水防涝害

　　猕猴桃的根系属肉质根，所以对土壤水分比较敏感。水分过多、空气减少，造成土壤缺氧，根系进行无氧呼吸，好气性微生物活动减弱，有机质分解能力下降，土壤肥力提高受阻。尤其是在施用大量未完全腐熟有机肥的情况下，分解过程会因缺氧而产生甲烷、硫化氢等还原性物质毒害猕猴桃的根系。涝害是个别年份猕猴桃幼苗死苗、盛果期死树的毁灭性灾害。

　　幼苗期猕猴桃耐涝能力很差，根部渍水 1 天即全部死亡；夏季高温多雨，气温 35 ℃以上，田间积水 5～7 小时，即使是盛果期大树，也会因根系缺氧腐烂，造成树体生长不良、萎蔫甚至死亡。夏秋多雨期，雨后应及时检查，排去田间明水，对易涝上浸田块、地段挖沟排暗渍。涝害较轻田块，排明水、防暗渍即可。对涝害较重，出现萎蔫、根腐等现象的果树，在水退去以后，将根颈周围的土扒开，增强根系的呼吸能力，须根尽可能不要暴露在外，特别是不能暴晒，在阳光直射处用遮阴物遮住须根，同时用 70% 甲基托布津 300～500 倍液灌根。剪去 1/3 枝叶，减缓水分蒸发造成的树体死亡。及时疏果，以减少树体营养消耗。摘去一半萎蔫叶，以减少树体水分、养分消耗。对栽植行进行中耕，以改善根系透气状况，降低田间土壤湿度。

　　为了防止猕猴桃受涝渍危害，建园前的选址非常重要。猕猴桃要选在不易受涝、排水方便的地方，而且易涝地块应采用起垄栽培，植株要栽在垄脊位置。发生积水地块要及时用抽水机把积水抽干。

第七章
花果管理

一、合理疏蕾疏幼果

猕猴桃花量较大、坐果率较高，正常气候及授粉条件下，几乎没有生理落果现象。若结果过多，消耗养分过大，则容易使果实单果重降低，其品质和商品率随之下降，这样也常常导致猕猴桃结果出现大小年现象。通常情况下猕猴桃花芽的形态分化是从春天芽萌动开始至开花前几天结束。一般来说侧花和基部花分化迟、质量差，为了节约养分、提高花的质量，在开始现蕾时，就可以把侧花蕾、结果枝基部的花蕾疏掉。疏蕾宜早不宜晚，过晚疏除只会加大养分的消耗。据观察，猕猴桃开花坐果后 60 天，生长量可占整个果实生长量的 80%。因此，疏蕾比疏花、疏果更能节省养分消耗。猕猴桃的花期较短而蕾期较长，一般不疏花而提前疏蕾。生产中，为了避免因疏蕾过量，或疏蕾后因花期遇雨导致授粉不良等影响当年产量的情况发生，一般是将疏蕾和疏果两种措施结合进行。

（一）疏　蕾

1. 时间　疏蕾通常在 4 月中下旬，当结果枝生长量达到 50 厘米以上时，或者侧花蕾分离后 15 天左右即可开始疏蕾。

2. 方法　疏蕾时先着重疏除过小的畸形蕾、发育较差的两侧蕾、病虫危害蕾，再疏除结果枝基部的花蕾，最后是结果枝顶部的花蕾。应着重保留发育较好的中心蕾。不同结果枝疏蕾法：强壮的长果枝留 5～6 个花蕾，中庸的结果枝留 3～4 个花蕾，短果枝留 1～2 个花蕾。

（二）疏　果

1. 时间　应在盛花后 2 周左右进行，坐果后对结果过多的树进行疏果。

2. 方法　对猕猴桃而言，1 个结果枝中，其中部的果实最大、品质最好，先端次之，基部的最差；1 个花序中，中心花坐果后果实发育最好，两侧的较差。所以，疏果时应先疏除畸形果、伤残果、病虫果、小果和两侧果，然后再根据留果指标，疏除结果枝基部或先端的果实，以确保果实质量和树体均匀挂果。

（三）留果标准

1. 依树龄确定留果标准

（1）3 年生初果期树留果标准　3 年生初果树，中等肥力条件，每公顷产量一般为 3750～6000 千克，株产 2.5～5 千克。按照生产经验，株留果量宜为（2 次疏果后定果量）20～35 个，这样果实的单果重可达 125～150 克。若土壤条件、树势基础和管理水平较高，果实平均单产可上浮 20%，如果树势较弱，其平均单产量应至少下调 20%。

（2）4 年生树留果标准　一般中等管理水平，每公顷产量为 7500～15000 千克，株产 10～15 千克，株留果量为 60～90 个，单果重 125～150 克。

（3）5 年生及以上盛果树留果标准　每公顷产量为 26250～33750 千克，株产 20～40 千克，株留果量 120～250 个，单果重 125～150 克。

2. 依栽植密度确定留果标准　依 3 米×2 米行株距为例，雌雄比 7～8：1，每公顷雌株按 1500 株计算，3 年生平均每公顷产量为 4500 千克，株产即为 3 千克；4 年生平均每公顷产量为 11250 千克，株产即为 7.5 千克；5 年生以上盛果树平均每公顷产量为 30 000 千克，株产为 20 千克。同理，4 米×3 米或 3 米×3 米行株距依不同树龄、每公顷雌株数，按每公顷产量平均额定产量，可求出单株果载量；依商品单个果重标准 125～150 克，最终确定各不同树龄及行株距单株所确定留的果实个数。

3. 按叶果比确定留果标准　开花后期到末期进行。标准为叶：果＝4～6:1，以短果枝结果的品种为 4:1，中果枝结果的品种为 5:1，长果枝结果的品种为 6:1，可以保证果实品质。猕猴桃的大多数品种在叶果比小于 4～5:1 时，即出现果实单果重小、果实品质下降、翌年产量下降等问题，所以在留果时要注意同枝蔓或附近能提供营养的叶面积大小，不要摘心过重。对过密的短果枝进行疏剪，一般保留每个结果枝的枝距为 30 厘米，疏果后使 8～9月份叶果比达到 4:1；另外使架面下透光率达到光暗交错状态，才能产出优质果和精品果。

4. 按经验确定留果标准　开花后期到末期进行。标准为：健壮果枝留 5～6 个，中等果枝留 3～4 个，弱枝蔓留 1～2 个。

考虑到风害、病虫害等自然因素对各栽植密度树体生长的影响，在树体果载量允许范围内，稀植园单株预留蕾果数可高出定果（产）的 30%；密植园单株预留蕾果数可高出定果标准的 20%，但在定果后，务必遵循各不同密度单株规定留果量及株产标准。

二、保花、保果技术

（一）猕猴桃适宜的授粉条件

通常猕猴桃授粉后产生 13 粒种子就可以坐住果，单果重要实现 80 克，一般需要 300 粒的种子；海沃德充分授粉，种子数约为 800 粒，单果重可以达到 130 克且果实整齐；美味猕猴桃金魁在 1 000 粒以上，中华猕猴桃多数品种在 500 粒以上才可以发育成大果。美味猕猴桃雄株给中华猕猴桃授粉，果实有增大的趋势。笔者在徐香猕猴桃上的研究表明，猕猴桃果实的单果重与其种子总数呈直线正相关的关系，单果重与正常种子数也呈直线相关的关系。这说明对猕猴桃果实来说，种子越多且实际受精的胚珠数量越多，果实越大。如果花粉不足、授粉不亲和、不充分，花期遇到低温、阴雨、干旱、干热风等天气，就会出现很多瘪种现象，坐果率就会大大降低，导致畸形果多、果实明显变小，或者花后大量落果，直接影响猕猴桃产量和质量。

猕猴桃花期因其种类和栽培地区的不同而有所差异。南方一般在 3 月中下旬（桂林）至 4 月下旬（长沙），北方一般在 4 月下旬（郑州）至 5 月中旬（北京）。笔者观察，郑州地区猕猴桃花瓣展开在一天任何时间都可以进行，但是在清晨 5 时至 7 时最多；统计花瓣由抱合状态彼此分离，花冠完全展开直到花落为止的过程。美味猕猴桃雌雄株、中华猕猴桃雌雄株和软枣猕猴桃雌雄单花生育期持续时间分别为 4.8±0.5 天、3.3±0.6 天，3.5±0.6 天、3.8±0.6 天，1.5±0.9 天、0.5±0.3 天。从整个花序来看，自其中一个花蕾花萼开裂到整个花序花瓣全部脱落持续时间分别为 8.5±0.6 天、12.3±1.3 天，8.5±0.7 天、11.0±0.4 天，15.3±0.5 天、8.4±0.8 天。三种猕猴桃单花开放顺序基本为：在同一植株上，下部新梢上的花先开，依次往上；在同一个新梢上，位于新梢上部的花先开，中部和下部后开；在同一个花序上，中心花先开，侧花后开。最适宜猕猴桃传粉、授粉的气象条件为：温度 20℃～25℃，风力 1～3 级，空气相对湿度 70%～75%。猕猴桃花期，南方容易遇到低温多雨的潮湿天气，北方容易遇到高温干燥的大风天气，都会使授粉昆虫正常活动受限，花粉寿命缩短（在高温条件下，雄花的花粉和雌花的柱头寿命较短，一般每朵雄花传粉、授粉的寿命只有 2～3 天），造成授粉不良。

猕猴桃的有效授粉期较短，中华猕猴桃和美味猕猴桃花初开时呈白色，后逐渐变成淡黄色或橙黄色。雄花传粉后，花药因开裂散出花粉而变得干且松散，雌花柱头接受外界花粉传粉后会很快衰老。笔者观察了郑州地区徐香猕猴桃自花开放、成熟至完成授粉时柱头的颜色和状态变化，依次是：白色、鲜亮→黄色、干→褐色、干→黑褐色、干→黑色、干硬，刚开放的柱头颜色为白色，而且颜色鲜亮，肉眼判断为最佳授粉时期；人工点授同种花粉，调查其不同开花时间的坐果率，表明在开花前 1 天至花后 2 天内授粉效果明显好于其他时期，在开花的 3 天内及时授粉仍可保证较高的坐果率，开花第四天以后进行授粉，产量将大大降低。可见，坐果率的高低通过柱头颜色及状态的变化可以大体判断。

因此，如果猕猴桃果园在初花期遇到不良天气（如阴雨或低温）而影响授粉时，可采取人工调控花期的方法（如果园灌水或熏烟等）并保证在开花的前一天至花后 3 天内进行蜜蜂传粉或人工辅助授粉。实践证明，人工辅助授粉可以有效地提高果品产量与质量，它比未进行辅助授粉的果园单果增重 20%～30%，饱满种子增加 40%～50%，优果率可提高 30%。所以人工辅助授粉显得非常必要。

（二）猕猴桃保证授粉需注意的问题

1. 清园 清除果园周围与猕猴桃同期开花的花草和树木，如刺槐、柿子等植株的花期就与猕猴桃很相近。

2. 花前复剪 在开花前 5～10 天疏除过多的徒长枝蔓、发育枝蔓、结果枝蔓和发育不良的花蕾。一个花序上只留中心花蕾，并在结果枝蔓最上一个花蕾后留 5 片叶摘心，发育枝蔓留 12～15 片叶摘心，可利用的徒长枝蔓留 3～4 节重剪，将叶幕层控制在 1 米以内，保持园内通风透光。

3. 花前浇水 北方干旱地区要进行花前灌水，提高土壤和空气湿度，增加花粉活性；南方地区要注意花期排水，防止根系渍水。

4. 人工辅助授粉

（1）**花期放蜂** 猕猴桃传花授粉的昆虫中，蜜蜂（壁蜂、熊蜂）是主要的传粉者，但是蜜蜂给猕猴桃传粉时有三大不利条件：一是猕猴桃多为雌雄异株，两者分开，蜜蜂传粉时从雄花到雌花的交换频率低；二是猕猴桃虽生产花粉，但蜜腺极不发达，对蜜蜂的吸引力远不及其他一些花类，使猕猴桃园的传粉仅靠蜜蜂的自然传粉仍然不够，需要在果园进行人工放蜂或养蜂；三是蜜蜂传粉最大的缺点是遇到低温、阴雨天气时，蜜蜂活动次数少，影响授粉。在猕猴桃园放蜂，最好选择利用定向力强、善于采集零散蜜粉源、节省饲料的蜂种，如喀尔巴阡蜂、喀尼阿兰蜂、东北黑蜂、美意蜂及其杂交种等，它们采集花粉量最大的时期是春天抚育大量幼蜂时。在放蜂前，应将授粉蜂分框分箱，每箱蜂量只占其容量的 1/2，以刺激蜜蜂采粉育子，增大猕猴桃雌雄花间接触的频率。

猕猴桃园放蜂太早，花量过少，蜜蜂会到别的地方寻找蜜粉源；放蜂太晚则花粉量过少，传粉质量差。在雌、雄花都开放时搬箱放蜂为好，以便蜜蜂在雌、雄花上交替采粉、传粉，避免它们只习惯单性别花。人工放蜂时，适时调换蜂群，而不用某群蜂固定授粉到底，这样既能保证有数量稳定的蜜蜂，又有利于蜂群适当休养补充。放蜂时，每公顷应放置 7～8 箱蜂，每箱中有不少于 3 万头活力旺盛的蜜蜂。

（2）**对花**　在上午 8～12 时，用 1 朵雄花轻轻对 5～8 朵雌花，雄蕊对雌蕊，随摘随对；为了防止柱头损伤，可采取用 2 朵雄花在雌花柱头上方轻轻摩擦的方法，此方法是人工授粉中最好的，但速度慢。

（3）**散花**　在上午 6～8 时收集当天开放的雄花花药，在 9～11 时用鸡毛或毛笔轻轻将雄花花粉弹撒在雌花柱头上。

（4）**插花授粉法**　开花初期，剪数株雄花花枝插入 1% 的糖水瓶中，挂在远离雄株的母树中间，依靠风力、虫媒自然授粉。此法适用雄株分布不均的果园，应注意及时给瓶中加水，以免瓶中雄花枯萎。

（5）机械授粉

①花粉的收集　在授粉前 2～3 天，选择比雌树品种花期略早、花粉量较多、与雌性品种亲和力强、花粉萌芽率高、花期长的雄株，采集其上含苞待放或初开放而花药未开裂的雄花。雄花的采集量按每公顷不低于 15 000 朵花计算，一般花重在 18 千克左右。将采集到的雄花用手在 2～3 毫米筛或铁丝网上摩擦，剔除花瓣和花丝；或用小型电动粉碎机对所采雄花进行粉碎，再过筛剔除花瓣和花丝。每 15 000 朵花可得到 3 450 克左右花药。将花药在牛皮纸或开药器上平摊成薄层，自然阴干；或在 22℃～25℃、空气相对湿度 50% 的干燥箱中放置一昼夜，花药即可自行开裂，释放出花粉。然后再用 100～120 目筛筛去囊壳等杂物，贮于瓶内备用。每 15 000 朵花可收集 105 克左右的纯花粉。

②喷粉　为节约花粉，在不影响授粉质量的前提下，可在花粉中加入比例不高于 20 倍的干淀粉、石松子等。在全树 25% 左右的花开放的上午 8～10 时或下午 3～5 时，将混合好的花粉用人工授粉器喷于雌花柱头上。如遇阴雨天可在雌花未全部开放形成钟形时，用人工授粉器将花粉喷到雌花柱头上。

③喷雾　猕猴桃花粉遇水易破裂而失去活性，糖液可防止花粉在溶液中破裂，蔗糖还可促进花粉发芽。为了促进花粉萌发，也可添加硼酸等促进花粉管伸长的物质。按 10 升 10% 糖水（混后立即使用可不加糖或少加糖），加 50 克花粉的比例配制成花粉溶液。应注意的是，此花粉液应在 2 小时内用完，最好随配随用。在全树 25% 左右的花开放的上午 8～10 时或下午 3～5 时，利用手动喷雾器直接将花粉溶液喷在开花 2 天内、柱头新鲜湿润的雌花上。授粉后 3 小时内若遇到中等强度以上降雨，需重复授粉；如果花粉浓度大（如 200 倍花粉溶液），也可不用补充授粉。目前，中国农业科学院郑州果树所已研制了果园专用授粉枪，已经在生产上进行推广应用。

三、果实套袋增质技术

猕猴桃是一种中等喜光性果树，在许多引种栽培地区常因高温、干旱以及强光危害而导致落叶落果、果实品质下降、产量和贮藏性降低，甚至植株死亡等，严重影响其经济效益。高温、干旱、强光是通过影响树冠幕微气候环境、抑制光合作用等生理过程，破坏叶片细胞膜的结构和功能等来影响猕猴桃正常的生长发育，而遮阳、果实套袋等调控措施是缓解这一危害的有效途径。另外，套袋能使果实表面保持洁净，可使灰尘、农药及害虫分泌物不能直接污染果实产生果锈，可很好地改善果实外观形象。研究表明，低海拔地区猕猴桃采前落果严重，通过套袋能显著减少采前落果率；海拔较高的地区，套袋的果实成熟较晚，贮藏寿命更长。但是，该项技术也存在缺点：套袋会使果实中的糖分、维生素等含量有所减少，果实风味变淡，果色变黄，品质下降且需要较多的人工。所以，是否套袋还要根据实际情况决定。目前，猕猴桃果实套袋主要针对商品性高的品种或有特殊性状的优良品种。一般套袋后每千克可提高价值1～2元。

（一）套袋时间

猕猴桃套袋宜在落花后30天左右进行。例如，河南地区红阳猕猴桃套袋时间从6月7日开始至6月20日左右结束；海沃德、徐香等品种从6月20日至7月10日，用10～15天时间套完。套袋过早，容易伤及果柄、果皮，影响养分运输，出现黄色果的几率高，不利于幼果发育；套袋过晚，果面粗糙，套袋效果明显降低，果柄木质化，不便于操作。套袋应在早晨露水干后，或药液干后进行，晴天一般上午9～11时和下午4时至6时半为宜，雨后也不宜立即套袋。

（二）纸袋种类

猕猴桃套袋要求果袋为透气性好、吸水性小、抗张力强、纸质柔软的黄色单层木浆纸袋，果袋两角分别纵向剪 2 个 1 厘米长的通气缝，或底部不封口，规格为 16.5 厘米×11.5 厘米，上端侧面粘合处有 5 厘米长的细铅丝。

（三）套袋方法

果袋前一天晚上放置在潮湿的地方，使其软化，以利于扎紧袋口。在套袋前树体首先要喷一次杀菌杀虫剂混合液，选用 80% 大生 M–45 可湿性粉剂、50% 多菌灵、70% 甲基托布津等＋功夫 1000 倍液防治褐斑病、灰霉病和东方小薪甲、椿象类等，待药剂风干后，立即套袋。

套袋具体操作步骤如下：左手托住纸袋，右手撑开袋口，使袋体鼓胀，并使袋底两角的通气放水孔张开；袋口向上，双手执袋口下 2～3 厘米处，将幼果套入袋内，使果柄卡在袋口中间开口的基部；让果实处在纸袋中间，封口时先将封口处搭叠小口，然后将袋口收拢并折倒，夹住果柄完成套袋，这样操作的目的在于使幼果处于袋体中央，并在袋内悬空，防止袋体摩擦果面，避免雨水漏入、病菌入侵和果袋被风吹落。

（四）套袋注意事项

第一，一般应从树冠内膛向外套，这样不会碰掉套好的袋子，套后勤检查，以防被风吹落。

第二，畸形果、扁果、有棱线果不套袋。

第三，当天喷过药的果实最好在当天套完。

第四，套袋时注意力度要轻重适宜，方向要始终向上，袋口扎紧的同时注意不要挤伤果柄。

第五，一般在采收前 10～15 天去袋或把纸袋的下口撕开，提高果面着色度。去袋时间不能太早，若去袋太早，果实仍然会受到污染，则失去套袋作用。采收期遇连续阴雨等异常天气可以带袋采摘，采后处理时再取掉果袋。

四、果实采收

（一）果实成熟期

1. 采收成熟期 即生理成熟期。猕猴桃果实成熟时，其外观颜色没有明显变化。因此，生产中最直接的判断方法是借助折光分析仪测定其固形物含量来确定，一般中华猕猴桃可溶性固形物含量达6.2%～6.5%，美味猕猴桃的可溶性固形物含量达6.5%～7%就可以认为达到采收成熟期。另外，也可根据果皮硬度、果实发育期及果实色泽等进行综合判定。

2. 生理后熟期 这一阶段的果实细胞没有分离，且所含淀粉未完全分解成糖，氨基酸水平也较低，蛋白酶不能分解蛋白质，因此，果实口感既硬又酸涩。果实后熟期的自然完成，主要靠果实内部产生的乙烯类物质刺激果实，使其呼吸增强，加速淀粉分解成糖，蛋白质分解成氨基酸，提高可溶性固形物含量，并加速细胞壁解离。外源乙烯类物质也能起到同样作用，因此可以通过对此类物质的控制，实现对果实后熟期的调控。在猕猴桃果实的贮藏环境中，增加乙烯含量，可以缩短后熟期，即催熟；减少含量，特别是将果实内部产生的乙烯类物质排除掉，则可抑制果实后熟，达到长期贮存果实的目的。达到生理成熟期的果实需要食用时，用一定量乙烯处理，就可使果品很快进入食用期。

3. 食用成熟期 此期，果实软硬适中，口感松软适度、酸甜可口，具有品种固有风味。

（二）适时采收

果实采收是果实栽培的最后一个环节，也是果实进行商品化处理的第一步。猕猴桃栽培果品的品质、贮藏性能与采收期密切相关。采收过早，不仅影响产量，而且食用品质差，不耐贮藏。采收过晚，果实过度成熟，容易很快软化和衰老变质，缩短贮藏寿命；同时，过晚采收影响树体贮藏营养的积累，降低树体抗寒性，从而影响翌年的开花结果。因为猕猴桃果实成熟时，其外观颜色没有明显变化，所以判断采收成熟度较为困难。目前农业部颁发了农业行业标准《猕猴桃采收与贮运技术规范》（NY/T1392—2015），其中对适宜采收期评价指标做了具体规定（表7-1）。

不同品种或同一品种在不同产地及不同年份的适宜采收期各不相同。确定某一品种的适宜采收期，应综合考虑各种因素，通过仪器检测和生产者经验来综合确定。

表7-1 适宜采收期参考指标

参考指标	范围
可溶性固形物含量	≥6.2%
果实生育期	各产区可根据调查和试验数据，确定适合当地各猕猴桃品种采收的平均发育天数
果实硬度	80%以上果实的硬度开始下降
果梗与果实分离的难易	80%以上的果实果柄基部形成离层、果实容易采收
果面特征变化	80%以上的果实果面特征如颜色发生变化、茸毛部分或全部脱落等
种子颜色	呈现黄褐色
干物质含量	≥15%
果肉色度角	对于黄肉品种，果肉色度角在≤103°

（三）采收方式

采收方式对猕猴桃的采后质量、贮藏效果影响很大。采收前15天内果园不能喷任何农药、化肥和其他化学药剂。采前5天内果园不能灌水。采收宜在无风的晴天进行，在阴天或晴天露水干后的上午10时以前或下午4时后、天黑前采收较好，雨天、雨后以及露水未干的早晨都不宜采收，否则严重影响果实贮藏性。果实严防烈日暴晒、雨淋、鼠害等。猕猴桃（特别是美味猕猴桃）外部有一层密布茸毛的表皮，它是果实免遭损害的一层天然屏障，一旦皮层受损，伤口不仅会引起微生物的侵染，而且损伤也会刺激乙烯的生成，加速果实软化、衰老和变质。另外，猕猴桃贮藏中较早腐烂的果绝大多数是采收、分级、包装、装箱、运输时受伤的果实。据报道，国内果品因机械损伤损失占总销量的5%以上；根据对猕猴桃烂果观测，因机械创伤烂果损失约占总损失的50%～60%。因此，在搬运、码垛、贮藏出库过程中也要时刻注意轻拿、轻放、轻搬运，避免或减少果实磕碰、挤压、摩擦、震动和跌落的外力伤害。装果用具的底部及四周铺垫软物，每筐、箱装果10～15千克，严禁用塑料编织袋装运。从异地采运机械损伤较大，推荐采用产地收贮的贮藏保鲜模式。

猕猴桃采收一般有人工采收和机械采收两种方式。人工采收效率较低，劳动力成本较大，在小规模的果园可以采用。但是进行大规模的果园采收时，有时需要用机械采收。因为猕猴桃种植的地域局限性，使得对于猕猴桃采摘的机械自动化研究比较少，国内外猕猴桃采摘还是主要采用人工采收。据悉，西北农林科技大学（2012）为实现猕猴桃的自动化采摘，设计了猕猴桃采摘机器人末端执行器，该末端执行器对猕猴桃的抓持成功率为100%，采摘成功率为90%，完成一次采摘动作耗时9秒钟。同时，该校又设计了一种针对规范化种植的猕猴桃采摘机械，它能够在果实成熟期的果实分布平面内对果实进行识别与定位，以夹持和扭转的方式摘取果实，实现了果实的自动化采摘。

（四）分　级

果实采收时，不同品种、成熟期、大小、产地等的果实应分开采收和贮放，切忌混在一起。不同植株或同一植株上有时成熟期不尽相同，在采收时一定要分期分批进行，以便提高鲜果品质、提高产量、有利于果实的长期贮藏和增加收入。同一品种，先采大果、好果，后采小果、次果、有伤果。

目前，猕猴桃分级标准有两种方式，一按重量，二按体积。二者差异不大，所以制定级别时按重量，而实际作业时则按体积。果实分级应在采摘以后立刻进行，以便尽早采取措施去除果实田间热，及时剔除病虫果、腐烂果、畸形果、机械损伤果。现在陕西省、河南省等猕猴桃生产较为集中的地区，较大规模的果实分级采用的是脱毛分级机，这是一整套猕猴桃毛刷去毛并分选大小等级的流水生产线，猕猴桃通过毛刷擦洗去毛及鼓风机风干，可有效脱去猕猴桃表皮的毛，工作效率高且不伤果实，猕猴桃去毛后，由传送皮带对接双通道自动选果机，猕猴桃通过传送皮带自动运输到选果机处分选等级大小，此设备自动化程度高，使用方便，节省人力、物力，提高果品品质，从而提高了猕猴桃的市场价值和竞争力。

人工分级可先进行目测分级，目测拿不准的再进行试孔分级，轻拿轻放会减少果实的摩擦碰撞和果面损伤，在零散、小型生产猕猴桃的果园还是主要采用人工分级的方式。分级工作最好在入库前完成，所以应根据人力的多少，安排每天的采果量，做到当天采果，当天分级，24小时内入库。这样对提高果实的贮藏性和延长商品果的货架期非常有益。

《猕猴桃采收与贮运技术规范》（NY/T 1392—2015）中对贮藏中华猕猴桃和美味猕猴桃感官要求规定按照 NY/T 1794 标准执行，现摘录如下（表7–2）。

笔者认为，目前使用的《猕猴桃贮藏技术》（NY/T1392—2007）中对猕猴桃贮藏果实分级时单果重要求较高。长期以来我国猕猴桃生产和销售中，个别果农为片面追求眼前利益，高浓度蘸用膨大剂来增大果实单果重，却没有相应地增施肥料，使得成熟果实的品质和贮藏性大幅下降，降低了猕猴桃果品的市场竞争力，同时也引起了加速树龄老化等问题的出现。所以，我们在制定分级标准时，应先把各品种果实按规格进行划分，再在每种规格里划分出不同等级的果实。不能直接用单果重作为各个等级果实分级的指标，否则会对红阳这种小果型果实的等级划分造成不良影响。以上问题必须引起重视，才能有利于我国猕猴桃产业的健康发展，使我们更快地同国外先进的猕猴桃产业相抗衡。很多消费者曾经问过我们，为什么国产猕猴桃不好吃，进口的猕猴桃好吃？主要原因就是盲目乱用药剂，加上不规范的早采。

表 7–2　猕猴桃的感官要求

项　目		等　级		
		一　级	二　级	三　级
单果重（克）		120～150	100～119	80～99
果　形		具有品种固有的形态特征，允许果面有轻微的凹凸或其他粗糙部分，但不得影响外观	具有品种固有的形态特征，允许果面有轻微的凹凸或其他粗糙部分，但不得影响外观	基本具有品种固有的形态特征，果面无明显影响外观的变形
洁净度		果面无泥土、污物及其他杂质	果面基本无泥土、污物及其他杂质	果面无明显的泥土、污物及其他杂质
色　泽		具有品种固有的色泽，整个果面色泽均匀一致	具有品种固有的色泽，整个果面色泽基本一致	基本具有本品种固有色泽
果面缺陷	机械伤、虫伤、病斑、日灼、风摩、畸形、自然裂口	不允许	允　许	允许有轻度的日灼、畸形和风摩果，其他缺陷不允许

（五）包　装

猕猴桃果品的包装应具有以下 5 个方面的作用。第一，猕猴桃果实为浆果，怕摩擦、碰撞、挤压，所以要求包装物要有一定的抗压强度。

第二，猕猴桃果实有后熟阶段，常温下贮藏性能较差，对乙烯又极为敏感，要求包装材料对气体有选择透性，并便于延长后熟期和催熟两种技术的实施。

第三，猕猴桃果实为容易失水类型的鲜活体，要求包装材料要有一定的保湿性能，又能兼顾其呼吸，以免其无氧呼吸，发酵变质。

第四，猕猴桃含有较多的维生素 C 和蛋白酶类，一次不宜食用太多；因常作为礼品赠给他人，故包装不宜太大。包装要有艺术性，美观、大方、漂亮，底色图案要突出猕猴桃的特色。

第五，要体现出商品性，注册商标、果实的规格（等级）、重量、数量、品种名称、生产者的名称、产地、经营单位、出库期、保质期、食用法、营养价值、甚至绿色程度（包含绿色水果所规定的各种有害物质的量）、联系电话等，都要明确标出。真正做到货真价实，质量取胜。做到竞争中求生存，发展中创名牌。

如果采用先包装后贮存方式，则包装与分级应同时进行，流水线作业。新西兰的分级包装线是，一条分级线上按垂直方向连接8～9条包装线，每条包装线上包装一个级别的果实。新西兰外销猕猴桃果实的包装为托盘式。果实依次入果窝，单盘果窝摆满后，盖上聚乙烯塑料薄膜，换另一托盘。托盘由木板、硬纸板或硬塑料板制成10～15厘米深的托盘，里面衬以薄塑料或纸果盘，果盘为预先按不同级别果实大小和数量压好果窝、排列整齐的四方形凹凸板，装果时再铺以聚乙烯薄膜袋，将果品隔袋整齐一致地平放到每个果窝里，最后再盖上瓦楞纸和硬纸板制成的双层盘盖。

目前，我国对猕猴桃果品还多采用手工包装。较好的包装有硬纸箱和塑料箱：有仿新西兰托盘式的；有采用"礼品盒"式的；还有2～10千克的果品散放箱装式包装，一层果垫一层硬纸板放置的。笔者认为，猕猴桃高档果品采取大包装套小包装的方式更适宜。即用透明硬塑料压制成2～8个果实的、带果窝的小包装盒（仿一次性快餐盒），再按不同大小的外包装，将2～8盒装一箱。这样既能保证果品在不断倒手过程中，免遭或少遭损伤，减少果品贮藏期的病害传染，又能让消费者根据每日或每次需用量选购。

五、果实运输和销售

（一）运　输

猕猴桃果实采收后仍是一个活的有机体，进行着呼吸作用等各种生命活动。果实运输包括从果园到包装厂，从包装厂到贮藏库，以及从贮藏库到销售地。

一是入库前运输，特别是从田间到包装厂的运输不能用拖拉机。此阶段果实散装，道路不平整时，会使果实间碰撞和摩擦，造成损伤。田间土路，应以人力挑运为主，且要轻起轻放。柏油、水泥路上用电动车或电瓶车低速运输，以防乙烯污染。同时，果箱在车内应码成花垛，以便通风散热。

二是出库后运输，一般为长途运输。最好采用集装箱和冷藏车运输。如用纸箱包装运输，则箱不宜太大（10 千克以下），堆叠不宜太高，以防压坏果品。猕猴桃外运车辆装卸是一项重要作业，也是引发果实腐烂损耗的重要因素，所以一定要做到轻拿、轻放、轻装、轻卸。装卸车时严禁人员任意踩踏果箱。出库后运输车辆必须做好防热、防冻的工作。在外运输期间温度不能波动太大。控温运输时，要让每件货物均可以接触到冷空气，确保货物中部及四周温度均匀；防止货物中部积热及四周产生冻害；温度应控制在 0～2℃。同时，货物不应直接接触车的底板和壁板，货件与车底板及壁板之间留有间隙。对于低温敏感品种，货件不能紧靠机械冷藏车的出风口或加冷冷藏车的冰箱挡板。因此，应尽量做短距离运输，以减少运输时间。

（二）销　售

目前，猕猴桃果品的销售形式主要有以下五种。

一是与国内大中城市果品公司、企事业单位、宾馆、大型综合商场、商贩等联系合同收购，或建立定期、不定期供货关系。

二是在大、中城市能提供销售场地的批发市场联系货位，自己组织运输、销售队伍，自行销售。

三是在各种广播、电视台做广告宣传；并在各大城市和人口密集地方设立推销供货站，有求必应，并负责售后服务（传授催熟技术等）。

四是与外贸部门联系出口，或者以县、地区为单位，自己组织出口。现在各级政府对于出口均给予大力支持，鼓励个人或单位直接对外贸易。

五是上网销售，在网上设立账户，网上做交易后快递送货上门。网上交易目前没有国界限制，是将产品推向世界的最简捷途径。诸如意向、协议、委托、信用、交易、付款等环节，都可以在网上完成。甚至交货也可在网上办理委托。

（三）催熟方法

刚采收的猕猴桃果品零售前或购买后，需经催熟处理，消费者买到果实后才能享用。对于美味猕猴桃果品，常用催熟方法有以下4种。

一是用乙烯利1000毫克/升浸果2分钟，处理后在7～14天能达到食用状态。

二是逢年过节大量处理果品时，将果品暴露在乙烯浓度为100～500毫升/升的房间内，于15℃～20℃条件下放3～7天。

三是整箱销售时，送一张吸附乙烯利滤纸。

四是提醒消费者，将2～3个苹果或香蕉等乙烯释放量大的水果，放于猕猴桃塑料袋内，封口2～3天，即可食用。猕猴桃在冷库存放一段时间之后，一般出库后3～5天会自然软熟，无须处理。

第八章

整形修剪

一、整形与修剪

（一）作 用

猕猴桃为攀援性藤本果树，其枝条具有逆时针盘绕生长的特性，干性弱，不能像其他的灌木、乔木那样直立生长。在自然界，它一般都要攀援在其他植物上才能正常生长；在人工栽培条件下，大多情况下要有支架，才能正常生长和结果。多数猕猴桃栽培品种生长势较旺，枝叶生长量大，每个饱满芽内有 1～3 个芽，可萌发成蔓，基部的隐芽容易萌发，可培育苗壮的主蔓，其蔓可长达 10 米左右，也很容易从主蔓上长出侧蔓。如果不适时进行合理的整形修剪，就会造成枝蔓相互缠绕、冠内密闭、无效叶增多、光照不良、枝蔓成熟度降低、花芽分化不良或不分化等现象，不但给田间管理造成不便，而且也严重地影响到树体产量和经济寿命。

生产上为了使猕猴桃树体的骨架结构分布合理，便于各种栽培管理和充分利用太阳光达到优质高产的目的，都先要对其科学整形。整形是根据生产或观赏的需要，通过修剪技术把树冠整成一定结构与形状的过程，例如，目前猕猴桃果园最常用的"单干双臂"整形。整形从狭义上来讲，是指从幼树期开始，每年连续不断的进行各种修剪处理，直至将树冠培养成目标形状；从广义上来讲，整形也包括果树一生当中的树形变化过程，是从整体上对树体实行控制，主要任务是培养和理顺树体的骨架结构。

为了使幼树快速成形、结果大树长期优质丰产、衰老树更新复壮，对一直生长变化的树体理应经常进行适时而必要的修剪工作。修剪是指对具体枝条所采取的各种修整和剪截措施，如短截、疏枝、缓放、回缩等。修剪的目的是为了培养骨干枝和结果枝组，有时是为了控制树体生长量，有时是为了调节树体枝叶生长过大与果实生长迟缓的矛盾，有时是为了保护树体减少自然灾害。修剪多是在整形的基础上来解决树体局部的不协调问题，主要任务是培养和更新结果枝组，调节生长与结果之间的关系。

整形必须依靠修剪技术才能实现，修剪技术也常常只有在合理的树形结构下才能更好的发挥作用。所以整形是前提和基础，修剪是继续和保证，二者应密切配合，相辅相成。通过整形修剪，可以使猕猴桃在各种生态条件下，都可以正常生长发育和结果，减少或避免因不良环境条件对树体生长的影响。整形修剪可以使枝条在架面上分布均匀，光照良好，树体紧凑，叶片光合作用效率高，枝条充实，越冬性好，花芽分化好，减少因树冠郁闭等造成的病虫害，产量高而稳定，品质优良，管理方便。

（二）原　则

目前我国很多猕猴桃产区存在着整形不规范、修剪不科学现象，一些产区的树体没有骨干枝致使每年冬季修剪随意性很强，严重影响了树体产量、品质和结果寿命。很多老产区冬季修剪时是临时聘请的当地农民，基本没有专业技术，因此针对这种从幼树期没有进行规范整形修剪的树体往往无从下手或直接全面短截，致使树体管理越加混乱，呈现出"蓬头乱发"的现象。猕猴桃的生长发育尽管有一定的规律性，但在栽培条件和人为因素的影响下，不能千篇一律采用同一种模式。不同植株的修剪方法应根据其品种特性、性别、树龄、枝条长势强弱等有所不同，因树采取的修剪方式和修剪程度有所侧重。所以，开始修剪之前首先就要确定该树的性别，其次看树龄，再结合品种特点和树势强弱等因素，按照冬剪和夏剪的方法认真进行。

1. 根据品种特性进行修剪　应针对不同品种特性因树修剪，才能发挥修剪的最佳成效。

（1）针对生长势弱的品种　如红阳、翠香等，要做到：①以促为主。冬剪时多短截少疏枝；对大顶芽枝，保留不动；春夏季修剪，只疏蕾，不抹芽，尽量保留枝叶。②生长季修剪。现蕾期，对结果母枝基部1～2个结果枝，去除全部花蕾，在其生长点涂抹抽枝类激素，促发旺枝。

（2）针对生长势强的品种　如秦美、海沃德等，要做到：①生长前期留下的、有空间发展的徒长枝，采果后要在其基部人为造伤，缓解其生长势，使其平缓，可以填补生长空间；第二年春季萌芽前50～60天，喷布或涂抹打破休眠的专用药剂，提高萌芽率。②保留1/3左右今年结过果的健壮结果枝作为明年的结果母枝，冬季修剪时在最上面的果柄前留部分芽剪截。③5月中下旬对有空间发展的徒长枝，留4～6片叶短截，促发中庸的夏梢二次枝，作为明年的结果母枝，多余的疏除。④重回缩，最好回缩到后部有枝的地方，对保留的枝进行破尖处理，但是如果此枝生长势弱，顶芽饱满，就不破尖。

（3）针对生长势极强、萌芽率高的品种　如徐香、金艳等。要做到：①以控为主。冬剪时留长枝。春夏季修剪，多抹芽，适量保留枝叶，注意保持架面光照良好。②生长季修剪。3月份萌芽期及坐果后1个月，在主干及旺枝基部进行环割或人为造伤，缓和生长势；生长前期枝蔓不拉平，尽量不摘心，只在新梢变细、开始缠绕生长时掐尖。

陈鑫（2013）研究了不同冬季修剪方法对华优猕猴桃新蔓发育及果实性状的影响（表8-1）。结果如下：①短截方法有利于刺激华优猕猴桃发芽，提高萌芽率，但对成蔓率几乎没有影响。②缓放方法能够显著提高华优猕猴桃的结果量、坐果率、单果重和单株产量;可显著提高和改善华优猕猴桃的外观品质,提高其商品率;能有效地抑制华优猕猴桃果实硬度的下降和可溶性固形物含量的上升,显著延缓其果实的软化和后熟,从而提高果实的耐贮性和内在品质。华优猕猴桃冬季修剪中缓放处理的综合效果显著优于短截处理。上述研究结果表明,不同的修剪方法对华优猕猴桃树体影响程度不同,因此应针对不同的品种研究选择最合理的修剪方法。

表 8-1 不同修剪处理对华优猕猴桃树体的影响

调查内容		处理 A	处理 B
萌芽率(%)		64.33a	57.82b
成蔓率(%)		57.59a	57.93a
结果蔓:新蔓(%)		78.62a	89.13b
母蔓结果量(个)		12.79a	14.03b
开花量(朵)		381.46a	379.89a
结果量(个)		298.03a	327.19b
坐果率(%)		78.13a	86.13b
单果重(克)		94.33a	107.26b
单株产量(千克)		28.11a	35.09b
果实纵径(厘米)		6.98a	7.19a
果实横径(厘米)		6.01a	6.07a
硬度(千克/厘米^2)	采收当日	7.98a	8.16a
	室温下 20 天	0.99a	1.12b
可溶性固形物含量(%)	当收当日	6.61a	6.74a
	室温下 20 天	15.83a	15.19a

注:处理 A:对结果母蔓视生长势强弱留 4～8 个芽短截,并适当进行回缩和疏剪,剪除过弱和过密的枝蔓;处理 B:回缩去年的结果母蔓,在其基部选留生长势强且靠近中央主蔓的营养蔓或结果蔓作为翌年的结果母蔓,并进行轻剪,即只剪除末端纤细、卷曲或过长的缠绕部分,对其进行缓放处理。相同字母表示差异不显著,不同字母表示有显著差异。

2. 不同树龄对整形修剪要求不同 幼树以培养树体骨架结构、促使树体尽快按照所选用的树形方向发展，大力培养骨干枝和结果母枝蔓组为重点。例如，现在多使用"单主干、双主蔓、主蔓两侧轮生结果母枝"的"鱼刺形"管理模式，就应该从苗木定植起，严格按照既定树形进行培养；盛果期以后，树体已经形成，以维护树体骨架结构、促使树势由旺转为中庸，以平衡营养生长和生殖生长为原则，每年进行结果母枝更新。对于衰老树，则是以去弱留强、限制花量、更新复壮为主要目的。

3. 不同自然条件对整形修剪要求不同 山地、滩地、平地等不同条件地区，其土层厚度、土壤肥力以及降水量等情况各不相同，整形修剪也应有所不同。山地、滩地条件较差，留主蔓枝量不宜过多，修剪量也应稍重；平地条件较好，留枝蔓量应较大，修剪量应轻。此外，气温高的地区，修剪量应轻，低温风大的地区，应酌情重剪。

4. 整形修剪要合乎生产要求 理想的树形和修剪技术能使猕猴桃树体早成形、早进入盛果期、结果年限长、丰产和便于管理。因此树形要大小合适、枝条配置合理、透光通风，修剪量要因树因势给予增减，以发挥最大的生产效益。

很多美味猕猴桃品种树势强，如果整形修剪不当极易造成旺长。为此，姜景魁等（2011）以盛果期美味猕猴桃金魁为试材，进行了控势整形修剪试验，即采用疏去强旺的徒长性枝条或保留基部2～3个瘪芽（剪截）来削弱生长势，多留径粗0.6～0.9厘米的中庸健壮的中长结果母枝，单枝留结果母枝80～100个，对结果母枝的短截应符合以下原则：长枝以长梢修剪为主，留长13～16个芽短剪；中枝以中梢修剪为主，留长8～12个芽短剪；短枝以短梢修剪为主，留长4～6个芽短剪。结果表明，通过控势整形修剪使树势从过旺生长转变为树势强健生长，树体结构由过去散乱、密集、郁闭型改造成了层次明显、透光良好的树形，而且试验果园单株产量明显提高。所以，合理的整形修剪可以起到平衡树势，调节生长和结果矛盾，从而实现丰产、稳产、优质、高效的生产目的。

二、主要修剪方法

（一）抹　芽

1. 定义　抹芽就是除去刚发出的、位置不当或过密等不需要保留的芽。

2. 作用　达到有效利用养分、空间的目的。

3. 具体做法　抹芽每隔 2 周左右进行 1 次。主要是在夏季修剪的时候使用该方法，时间应从早春萌芽时期开始。主要抹去位置不当或过密的芽，如砧木芽、瘦弱芽、叶丛芽、背下芽；抹除晚发的芽，保留早发的芽。架面外围营养枝及外围结果枝上部摘心后发出的二次枝芽，因翌年无法利用，一律抹除，不予保留。抹芽要及时，冒出 3～5 厘米就可抹除，越早越好；抹芽彻底，就会避免大量营养浪费，并大大减少其他环节的工作量。根蘖处常会生出根蘖苗；主干上常会萌发出一些潜伏芽（会长成生长势很强的徒长枝），都要尽早抹除。

从主蔓或结果母枝基部的芽眼上发出的枝，常会成为翌年良好的结果母枝，一般应予以保留。由这些部位的潜伏芽发出的徒长枝，可留 2～3 芽短截，使之重新发出二次枝后缓和长势，培养为结果母枝的预备枝。对于结果母枝上抽生的双芽、三芽，一般只留一芽，多余的芽及早抹除。

（二）疏　枝

1. 定义　疏枝就是将整个枝蔓从其基部剪除。

2. 作用　猕猴桃的叶片大，光线不易透过，成叶的透光率约为 7.9%，在果树作物中属透光率较低的类型。很多果树树体呈现圆锥状树形，层次较多，接受光照的表面积大。猕猴桃的树冠呈平面状，容易造成树冠内膛遮阳。由于营养具有就近供应的特点，光照不良的枝条和叶片光合效率较低，所以不能得到充足的养分，长期处于营养缺乏状态，在这些枝条上着生的果实就会生长不良、糖度低、果肉颜色变淡、贮藏性降低，花芽发育不良等。要获得正常的营养生长、较高的产量与果实质量，并确保翌年足够的花量，就必须使架面的叶片都能得到较好的光照。盛夏时节，若架面下有较多的光照斑点，则表明架面的枝条不过密，下层的叶片也能得到较多的光照。疏枝是对抹芽不及时或冬季修剪不彻底的弥补。由此可见，疏枝的重要性。

3. 具体做法 疏枝在冬季修剪和夏季修剪的时候都可以采用。

在冬季修剪的时候，对内膛重叠密生枝、细弱枝、枯枝、病虫枝和生长不充实、无培养前途的发育枝，应从基部剪除。结果枝、短果枝和短缩果枝在结果后衰老、腋芽弱小时，也应从基部剪除。

夏季修剪时，当新梢生长到 15～20 厘米及以上，花序开始出现时即可进行疏枝。一般从 5 月份开始，6～7 月份枝条旺盛生长期是疏枝的关键时期。首先，确定结果枝的数量，每个结果母枝上留 4～5 个结果枝，结果枝之间的间距为 15～20 厘米；然后在主蔓上和结果母枝的基部附近留足翌年的预备枝，选留 15～18 个生长健壮的枝条，以营养枝为主，在营养枝不够的情况下，选结果枝，在此基础上进行疏除。

（三）摘 心

1. 定义 摘心是指在新梢旺长期，摘除新梢嫩尖部分的一种修剪方式。

2. 作用 猕猴桃的短枝和中庸枝生长一段时间后会自动停长，但长旺枝的长势特别强，长度可达 2～3 米。生长旺盛的枝条到后期会出现枝条变细、节间变长、叶片变小的现象，而且枝条先端会缠绕在其他物体上，给日后的果园操作带来不便。所以，新梢需要及时摘心控制其长势。

生产前期摘心，可以削除新梢顶端优势，能暂时抑制其延长生长，使养分转移到旁侧的生长点上。故在花前15～20天对结果枝摘心，可使养分转向花序，改善花序的营养条件，提高受精能力，增加坐果率和促进果实膨大；经控制，还能使摘心的梢发生副梢，增加中、短枝数量。后期摘心，则可改善架面光照条件，促进花芽分化，充实枝蔓组织，并为翌年丰产奠定基础。另外，对春季风大的地区，春季早期摘心可以抑制新梢的快速生长，促进新梢的加粗生长，使新梢与基枝结合的牢固性得到提高；摘心后新梢的伸长长度降低，减少了新梢的迎风力，对减少强风对猕猴桃新梢的损害有显著的作用。

3. 具体做法　主要是针对夏季修剪所采取的一种修剪方式。摘心一般分为营养枝摘心和结果枝摘心。

（1）营养枝摘心　作为翌年结果母枝，强壮营养枝留15～18片叶摘心，也可放任生长至自然弯曲处，从打弯处摘心；中庸枝留10～12片叶摘心；弱枝留7～8片叶摘心。强壮枝及中庸枝抽发二次枝留2～3片叶重摘心，以后萌发的芽抹去。生长较弱的枝条，如春梢留叶过少，可用夏梢作结果母枝补充，二次枝留5～6片叶摘心，以后萌发的三、四次枝留2～3片叶反复重摘心或抹除。

生长旺盛的品种，摘心要轻，除按叶片数摘心外，对选留强旺枝，还可把枝条顶部出现弯曲、相互缠绕时作为摘心的标志，此时摘心，可不再出现二次枝。

（2）结果枝摘心　花前20天左右，对二道铁丝以外的结果枝，在花序以上留3～4片叶摘心，可使养分转向花序；摘心后发出的二次枝，一律去除，以使果实得到充分的物质供应。二道铁丝以内的结果枝摘心方法与营养枝一样。徒长性结果枝、长果枝从花序以上留8～10片叶摘心，一般结果枝花序留6～7片叶摘心，弱结果枝不摘心。摘心后新梢先端所萌发的二次梢只留一个副梢，其余去除。对保留的副梢，每次留2～3片叶反复摘心，以控制其生长，充实枝条。

（四）短　截

1. 定义　指将1年生枝剪去一部分，按剪截量或剪留量区分，有轻短截、中短截、重短截和极重短截四种方法。

2. 作用　适度短截对枝条有局部刺激作用，可以促进剪口芽萌发，达到分枝、延长、更新、控制（或矮壮）等目的。

3. 具体做法　猕猴桃树体主要在冬季修剪的时候应用该种方法。一般情况下，在夏季修剪时，很少对枝蔓进行短截。但是，对摘心时遗漏的徒长性结果枝和长果枝，应在其结果部位以上第7～8片叶处予以短截；同时，对遮挡光线较重的过长营养枝也可适当进行短截。进行短截修剪的关键是结果母枝长度的确定，即修剪长度。华中农业大学研究人员通过对艾伯特品种3年的修剪试验认为：结果母枝粗度大于0.8厘米的强旺枝，修剪长度为40～60厘米；结果母枝粗度在0.5～0.8厘米的中庸枝，修剪长度为20～30厘米；结果母枝粗度在0.5厘米以下的细弱枝，修剪长度为15～20厘米；粗度不足0.5厘米的结果母枝不进行修剪。猕猴桃结果母枝的强弱和冬季修剪时的长度对翌年的产量影响很大。另外，猕猴桃结果枝已结果的节位上都是盲芽，结果部位以上的各节才有腋芽，且在翌年能抽生枝蔓，所以短截修剪时需在结果部位以上进行。

（五）绑　蔓

1. 定义　将枝蔓均匀绑缚在架面上的一种方法。

2. 作用　可以使枝蔓牢固地在支架上生长，方便整形。绑蔓主要针对幼树和初结果树的长旺枝，是猕猴桃园管理极其重要的一项工作，尤其在新梢生长旺盛的夏季，每隔2周左右就应全园进行1次。

3. 具体做法　绑蔓在猕猴桃冬季修剪结束后进行。要按照树冠的空间及整形方法，及时把留下的结果母枝均匀地绑扎在铁丝上，摆放的密度既不能过小，也不能过大。枝蔓的绑扎密度过大，这样做的结果是果实的数量虽然增多了，但是会使果实变小、果形变差、商品率较低，达不到好的经济效益。绑蔓时间要适宜，过晚进行不仅容易损伤枝条出现伤流，而且容易碰掉花芽，对树体生长极为不利。先将主蔓在两侧中心架丝上绑死、绑牢，然后把母枝由中心架丝向两边分开，向外围拉平，保证架面平整、整齐。主干、主枝、母枝一律要扶正拉直后再绑，过于弯曲时，可用棍棒将其背直后固定。绑缚枝组时要由下向上、由内向外呈放射状分布，长短枝搭配、插空，分布均匀，做到不重叠、不交叉。绑扎在铁丝上的枝蔓相互之间的距离大体在 10～15 厘米，每棵树呈"打伞形"。为了防止枝条与铁丝接触时受到摩擦损伤，绑蔓时应先将细绳在铁丝上缠绕 1～2 周，再绑缚枝条，不可将枝条与铁丝直接绑在一起。绑缚不要过紧，可采用"∞"字形绑蔓，松紧程度以能插入一根手指为宜，使新梢能有一定的活动余地，以免影响其加粗生长。现在，也有果农用专用果树的绑蔓机进行绑蔓。

（六）回　缩

1. 定义　也称缩剪，对 2 年生以上的枝条进行短截即为回缩。

2. 作用　回缩的作用因回缩的部位不同而不同。但主要有以下两方面的作用：一是更新复壮；二是抑制生长。

3. 具体做法　对各类枝条的修剪，要根据枝条的生长势、芽的数量和长度来确定。一般对于徒长性结果枝，应在结果部位以上剪留 3～4 个芽，中果枝在结果部位以上剪留 2～3 个芽为宜，短果枝留 1～2 个芽或一般不修剪。对已衰老的或连续 2～3 年以上的结果母枝，应进行更新修剪。若母枝基部有生长充实健壮的结果母枝或营养枝时，可将结果母枝回缩到健壮部位进行剪截，从而可以防止结果部位外移；若结果母枝弱或其上分枝过高，则应从其基部有潜伏芽位置以上的部位进行剪除，剪截部位应掌握在离芽 3 厘米处，这样可以促其良好萌发；对于多年生枝蔓的更新修剪，要根据其衰老部位而定，采取局部或全部更新修剪。

（七）环 割

1. 定义 利用刀或环割器切断果树主干或主枝基部皮层（至韧皮部，不伤木质部）一圈或几圈。环剥时剥口的宽度，以不超过枝条粗度的 1/10 为宜，而且要能在当年愈合。

2. 作用 通过 2～3 次环割，可使果实增大 10 克左右，提高干物质含量 1%（绿果）至 2.4%（金果），同时可以改善风味品质，提早成熟、上市 2 周左右。新西兰猕猴桃通过环割，每公顷产量从 16 500 个托盘可增加到 19 000 个托盘（3.6 千克/托盘），效果显著。

3. 具体做法 目前国内果园采用该方法较少，而新西兰果园果树下环割处理非常普遍。他们的成龄果园一般每年环割 2～3 次。第一次在开花前 2 周左右，目的是提高植株对溃疡病的抵抗能力，这是因为环割后伤流增加，树冠叶片可吸收水分相应减少，导致叶片湿度降低，所以感染溃疡病机率减少。第二次环割在开花后 4 周左右，目的是增大果实的果个。第三次环割在采收前 4 周，目的是为了提早成熟。国内，王西锐等（2016）认为，3 月份萌芽期及坐果后 1 个月，在主干及旺枝基部进行环割可以缓和生长势；徐香、黄金果、金艳等品种在 7 月份可对主干环割一圈，约 15 天后割口愈合时再割一圈；9 月中旬再进行一次，以促进梢尖封顶，提高抗冻能力。环割要注意力度，防止过重伤及木质部，造成死树。

三、主要整形方法

（一）"单干双臂"整形法

现在猕猴桃果园最常用的整形方式是"单干双臂"树形，可适用于水平大棚架和"T"形架管理的果园。该树形的特点是单主干上架，两个主蔓沿中心铅丝向相反方向水平生长，没有特殊情况基本固定不变；主干和主蔓形成永久性骨干枝；主蔓的两侧每隔25～30厘米选留一强旺结果母枝，与行向（或2个主蔓方向）基本呈直角固定在架面上，呈羽状排列，结果枝着生在结果母枝上，每年更新结果母枝。这种树形结构将多年生骨干枝的数量减少到最低限度，有利于营养的有效运输和利用，也有利于结果枝在架面上的有序分布，可使结果母枝保持强旺生长势，且这种树形修剪简单，容易掌握，更新复壮快。

1. 第一年生长期整形修剪（夏季修剪） 定植后，在嫁接口以上留2～4个饱满芽并在最上一个芽上面2厘米左右进行短截，保留一个抽发生长最旺的新梢使其向上直立生长，作为将来的主干进行培养。待新梢长到20厘米以上长度时，尽早在旁边插竹竿引缚其向上快速生长，每隔20厘米左右用绑蔓机或扎丝进行固定，待这个新梢顶端开始呈现缠绕状态时，说明顶芽生长势已弱，在顶芽附近找一个饱满芽，在该芽附近进行摘心处理，促使其萌发，重新牵头向上生长，同时尽早抹掉砧木上发出的萌蘖和除了牵引枝以外促发的、影响主干生长的新梢。一般管理水平下，生长季当年即可达到主干上架的高度。也有管理较好或者生长势旺的品种，如中猕2号在8月份左右即可达到上架高度，可在架面下10厘米左右选择芽体饱满且位置相反的两个芽，并在上面一个芽上方2厘米处进行短截，促使保留的两个芽尽早萌发，两芽保持75°夹角进行反方向双臂培养，使其成为将来的两个永久性主蔓，这两个主蔓可先按45°角拉扯，依靠顶端优势的作用促使其快速生长，尽早形成株间一半距离的主蔓长度。直至与邻株相接时再剪梢拉平，促发结果母枝。主蔓在架面上发出的枝条全部保留，以尽早形成架面。在冬季落叶前单侧可形成0.5米左右的主蔓。

2. 第一年冬季修剪 主干如果没有达到上架高度，继续选择一个饱满芽体处进行短截。主干刚达到上架高度的，和生长期一样，在架面下 10 厘米处选择两个芽，并在上面一个芽的上方 2 厘米处进行短截。已形成两个主蔓但尚未达到长度（一般为株距一半）的，在主蔓两侧分别找饱满芽进行短截，继续促使其向前延长生长。主蔓与邻株相接时，在饱满芽处短截促发结果母枝，并将其拉平至中间铅丝上，进行绑蔓永久固定，形成架面。同样保留主蔓上所有萌发出来的结果母枝。

3. 第二年生长期整形修剪　没有完善树形的继续进行上一年的工作，以尽早形成单主干、双主蔓树形。注意培养主干、主蔓的整形阶段，需要加强果园管理，以促发旺枝，形成强壮的骨干枝（主干、主蔓），并保证主次关系分明。主蔓培养时，力争一次成形，以减少节疤。已形成骨干枝的可在初夏（5 月中下旬）选择合适芽体涂抹抽枝类激素，促发结果母枝，以便尽快形成架面。为防止日灼，幼树夏季主干最好涂抹涂白剂或缠裹树干以反射或减少阳光，防止树干裂皮。

4. 第二年冬季修剪　一般此时都已经形成单主干、双主蔓，有的已形成了部分结果母枝。疏除与骨干枝（主干、主蔓）同龄的所有辅养枝蔓，尤其注意疏除主干与两个主蔓之间形成的三角形区域的萌蘖或枝条，以保持两个主蔓的绝对生长优势。保留主蔓上发出的所有枝蔓，将来作为结果母枝；主蔓两侧每隔 25～30 厘米选留一强旺结果母枝，位置较密时可以将结果母枝留 2 厘米左右进行短截，所有主蔓上发出来的枝条都不可以疏除，以作为今后结果母枝的更新培养。观察保留的结果母枝距离第三道铅丝的位置，若尚未达到该位置，则留饱满芽带头；若已达到铅丝位置，则在弱芽处修剪。修剪以后将所有保留的结果母枝均匀绑缚在两侧铅丝上。至此，单主干、双主蔓树形已经培养完成（图 8-1）。一般管理水平的果园，在定植后的 3 年左右均能完成单主干、双主蔓树形的培养。

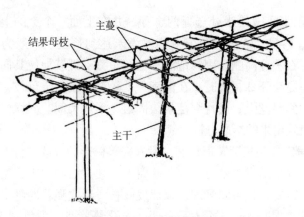

图 8-1　单主干双主蔓树形

5. 结果期树的修剪　定植后第三至第四年，应注意大量培养健壮结果母枝，加大留芽量及挂果量，平衡结果与营养生长关系。疏剪过多的徒长枝、背上枝、背下枝，长旺结果母枝在饱满芽上方位置处短截（多留饱满芽），结过果的结果母枝回缩至基部 10～15 厘米或有一年生枝蔓处；若较强枝蔓远离中心，则在其基部选中庸枝短截。选留结果母枝时一般留强健枝蔓，在饱满芽处短截。枝稀、空间较大时，培养侧蔓，以占领空间；不用的侧蔓留 2 厘米左右短截；能回缩的尽量回缩，防止结果部位外移。至此，中心主蔓发出的强旺新梢以中心铅丝为中心线，沿架面向两侧自然伸长，呈羽状排列；采用"T"形架的，新梢超出架面后自然下垂；采用大棚架整形的新梢一直在架面之上延伸，在有空间的地方，保留中庸枝和生长良好的营养枝。

（二）新梢"撑伞式"牵引管理法（新西兰）

新西兰"撑伞式"结构是设置在相邻两株猕猴桃树行间的平棚架面上，该结构主要由"伞骨"、"伞柄"以及支撑"伞柄"的 2 条交叉铁线构成（图 8-2）。"伞柄"通常选用木棍，设置在行间，支撑在棚架结构相对坚固的架材上。"伞柄"高 3 米，底部用铁钉固

定，同时顶部钉 1 颗铁钉。"伞骨"分左右两侧，每侧牵拉有 17 根
细线（可选择双股棉线或其他耐老化材料），一端间隔 30 厘米左右
系在猕猴桃树所在行的铅丝上，另一端汇总打结固定在"伞柄"顶
部的铁钉上，与地面保持 37°～45°夹角，用于牵引新梢。新梢沿
着细线延长生长，覆盖整个"伞骨"，形成"撑伞式"结构。该结
构主要用于支撑一年生新梢，以便其进行营养生长，为翌年提供结
果母枝。按照这种方式，新梢生长量大、粗壮，一般不发生副梢，
栽后第三年能形成规模产量。

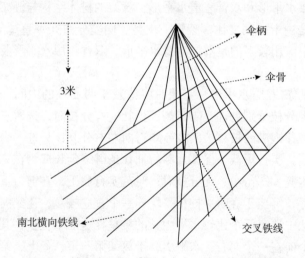

图 8-2　撑伞式结构〔图片来自：陈霞等（2014）〕

该种树形整形方式是在形成"单主干、双主蔓"的基础上继
续培养形成。对主蔓上萌发的春梢，每间隔 30 厘米利用"撑伞式"
进行单侧牵引生长；冬季将所有枝条放下，不剪或轻剪，根据行间
距控制适当长度，作为备用结果母枝，并沿架面摆放整齐，做到行
间枝条不交叉。翌年采果后，将结果母枝从基部保留 15 厘米截除；
有空间的地方，部分结果枝可保留 1.5 米左右长度，翌年再次利用
后进行截除。

新梢牵引生长可使其保持顶端优势，从而减少了二次枝的萌发，有效避免了树体营养的浪费，同时减少冬季修剪量，降低了劳动成本。该种牵引方式也可以双侧交替进行，在当年结果的同时注重对翌年结果母枝的培养，同时也为结果枝输送了营养，树体轮换结果，比较注重营养生长与生殖生长的平衡。

（三）篱架的树体整形

篱架目前应用较少。在篱架整形中，多采用单干整形，主要有双臂双层水平形和双臂三层水平形。篱架的树体结构与棚架基本相似，只是主干的高度比棚架矮，主蔓、侧蔓分布在垂直篱架面上。在生产中应用较多的是双层双臂水平形、双臂三层水平形及多主蔓扇形。

1. 双臂双层水平形　定植时将苗栽于两支柱的中间，栽后视苗木有无分枝分别处理：①苗高、粗壮、有分枝时，选留三个生长健壮、腋芽饱满的枝蔓，两枝蔓顺行向左右分开；另选一个直立生长的枝蔓，实行短截，促其发芽后抽壮条继续延长成为在三个方向不同的主蔓。②苗小、无分枝时，对苗实行截干，在剪口下留3个饱满腋芽，等翌年春萌芽抽梢，培养一个直立枝蔓，让其向上快速生长，从中选定两个比较水平生长的枝蔓。这三个枝蔓，其中的两个，一个向左一个向右，水平引缚于篱架第一道铁丝上，第三个枝蔓直立引缚到第二道铁丝上。对水平的两个枝蔓，根据芽的着生位置、饱满程度和枝条萌发情况，修剪时在主蔓上每隔40～50厘米培养一个结果母枝，促其壮旺生长，多抽结果枝，令其均匀布满第一道铁丝；在直立蔓上培养两个强壮的水平枝，在第二道铁丝上呈相反方向生长，并按第一层同样距离培养结果母枝。在第一、第二层四个主蔓上生长的结果母枝及其结果枝，要通过修剪使其着生方向相互错开，比较均匀的占据架面空间，经三四年就可使蔓布满架（图8-3）。

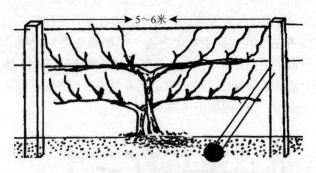

图 8-3　双臂双层整形

2. 双臂三层水平形　是指在双臂双层水平形基础上的继续发展，方法、步骤基本相同，只是从第二道铁丝再向上多培养一层枝蔓，共三层（图8-4）。在整形修剪时，要特别注意主蔓结果母枝及其结果枝的上下、左右、前后相互错开，均匀占满架面。这种整形方法的优点是架面高、枝蔓多、结果多；缺点是管理比较困难，果实品质不一致。因此，此架只对生长势强的硬毛猕猴桃比较适用。

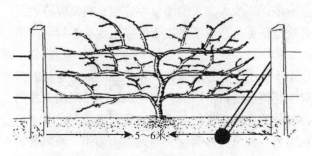

图 8-4　双臂三层整形

3. 多主蔓扇形　整形方式较前两种容易成形，且修剪灵活便于更新。具体整形方法：苗木定植完成后，选留 3～5 个饱满芽短截，春季可萌发出 3～4 条壮枝，使其呈扇形均匀分布在架面上。冬季修剪时，生长健壮的枝条作主蔓，在 50～60 厘米处短截；生长较弱的枝条留2～3个芽重剪，促使其翌年春季萌发壮枝，用作培养主蔓。将各主蔓在架面上均匀分布，不断摘心促发壮枝，培养成侧蔓。每根主蔓上培养2～3条侧蔓，每条侧蔓间隔40～50厘米，在侧蔓上培养结果母蔓，整个架式培养完成后，主侧蔓在架面上即可左右交错均匀分布呈扇形（图8-5）。

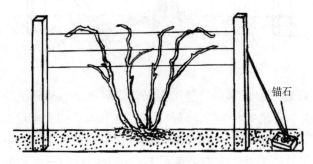

锚石

图8-5　多主蔓扇形整形

（四）不规范树形改造

在生产中，不少人为了增加早期产量，提高经济效益，在幼树阶段没有规范整形，造成了多主干、多主蔓的不规则树形，这种树形随着树龄的增长，缺点和问题越来越突出。一是造成了营养的大量浪费，用于多主干、多主蔓和多年生枝的加粗生长的营养超出单主干、双主蔓树形的数倍以上，把本该用于结果的营养用于枝条的生长上，养分的无效消耗大大增加，降低果实产量与质量。二是树体管理难度大，枝条交错紊乱，导致架面郁闭、通风透光不良，修剪管理难度加大，无法实现安全、优质、丰产的目标。三是果实质量变差，多年生枝级次过多，一年生枝的长势明显变弱，因此果实个小、质量差。

针对不规范树形，要有计划、分年度将不规范树形逐步改造成单主干、双主蔓树形。从多主干中选择一个生长最健壮的主干培养成永久性主干，在主干到架面的附近选择两个生长健壮的枝条培养为主蔓，再在主蔓上配备结果母枝。可将永久性主蔓上的多年生结果母枝，剪留到接近主蔓部位的强旺一年生枝的长度，结果母枝上发出的结果枝应适当少留果，促使其健壮生长，尽快占据植株空间。其他的主干均为临时性的，要分二、三年逐步疏除。首先去除势力最弱、占据空间最小的1～2个临时性主干，对其他临时性主干上发出的结果母枝要控制其生长势，缩小其占据的空间。在修剪、绑蔓时，临时性枝蔓都要给永久性主蔓上发出的枝条让路，下年冬剪时，再从其余的临时性主干中选择较弱者继续疏除。在架面以下永久性主干上发出的其他枝条都要回缩、疏除。

不规范树形的改造主要在冬季修剪时进行，生长季节也要按照改造的目标进行控制管理。改造时选留和培养永久性主干是关键，对临时性主干的疏除既不能过分强调当年产量而保留过多，也不能过急过猛，以免树体受损过重。

四、修剪时期

（一）冬季修剪

猕猴桃冬季修剪在落叶后半个月至第二年树液开始流动前的休眠期进行，郑州地区一般从12月中旬开始至翌年1月底结束。主要是利用短截、回缩、疏剪等基本方法，实现幼龄树尽快成形、适期结果，成年树生长旺盛、丰产稳产，老树能更新复壮、延长结果年限的目的。

猕猴桃的结果习性可以基本总结为：从一年生枝上抽生的当年生新梢能结果；从多年生枝上萌发的新梢当年不能结果，但翌年在其枝上抽生的枝能结果。从一年生枝腋芽萌发出来的新梢，其基部叶腋以聚伞花序着花，这个新梢称为结果枝。能抽生结果枝的枝条叫结果母枝。从结果母枝的中下部至中上部叶腋里能抽生结果枝。雌花芽着生在结果枝基部第二至第八节的叶腋里。雄花着生在自基部第一至第九节的叶腋里。花序着生节的腋部不着生腋芽，翌年会成为盲芽。每个结果枝通常结2～4个果，但根据种植距离、结果母枝的数目与长度、结果枝的长度等不同而有所差异。结果后的一年生枝也能成为结果母枝，但以生长枝形成的结果母枝最为常见，此外，充实的徒长枝也能成为结果母枝。结果母枝的强度与结果量成正比，约20厘米以下的短弱枝，只抽生1～2个结果枝，着生1～3个果实；生长中庸的结果母枝（20～100厘米）可抽生2～8个结果枝，平均结10个果实左右；生长旺盛的结果母枝（100～200厘米），抽生4～10个结果枝，平均结20个果左右。冬季修剪时，首先对根际萌蘖枝，各部位的细弱枝、枯死枝、病虫枝、过密的大枝蔓、交叉枝、重叠枝、竞生枝，以及下部无利用价值、生长不充实的发育枝等一律疏除，使生长健壮的结果母蔓均匀地分布在架面上，形成良好的结果体系，然后对不同类型的枝蔓采用不同的修剪方法。

1. 结果枝的修剪 结果枝结过果的部位没有芽眼，第二年不能抽生枝条，但结果部位以上的芽，形成早、发育程度好，留作结果母枝时，常能抽生较好的结果枝。在处理结果枝时，由于2～6芽位能普遍结果，因此一般应保留至8～10个节位，生长发育特别好的多保留至15个节位。修剪时，可根据其长度来确定修剪量，对长度在1米以上的徒长性结果枝，在结果部位以上留40～50厘米短截或在8～10个芽处短截；长度在50～80厘米的长果枝和中果枝，在结果部位以上留30～40厘米短截，或在4～6个芽处短截；短果枝和短缩状果枝，由于剪后容易枯死，一般不修剪，当这类枝条结果衰老后，可全部疏除（图8-6）。

2. 营养枝和徒长枝的修剪 营养枝也称生长枝或发育枝。一般也根据枝条的长度来进行修剪，对长度1米左右的强壮营养枝条，剪留60～70厘米；长度50～80厘米的中庸结果枝，剪留40～60厘米；50厘米以下的细弱枝一般不用的可全部疏除掉，需要时剪留10～20厘米。

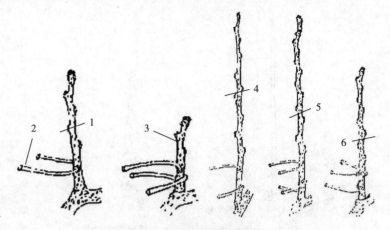

图 8-6 结果枝的冬季剪法

1.短果枝上有饱满芽的短截 2.果柄 3.短缩果枝的缓剪
4.徒长性结果枝的短截 5.长果枝的短截 6.中果枝的短截

图片来源：李绍稳（1997）

　　猕猴桃的主干和主蔓很容易抽生徒长枝，徒长枝下部直立的部分节间长、芽体扁平、较小，芽眼质量不高、发育不充实，一般从中部的弯曲部位起，枝条发育趋于正常，芽眼饱满，质量较高。在发育枝、结果枝数量不够时，可选作结果母枝，从良好芽眼处剪留40～50厘米；用作更新的徒长蔓，留5～8芽短截，第二年再从其上萌发健壮枝梢留作更新用；没有利用价值的徒长枝，应及时从基部除去，以免扰乱树形，消耗养分（图8-7）。

　　3. 结果母枝的修剪　结果期树需要配备适宜的结果母枝，同时要对衰弱的结果母枝进行更新，使结果部位能够始终保持在距离主蔓较近的区域。因为结果母枝经过1～2年结果后往往会衰弱，甚至枯死，结果部位一般不能萌芽，极易造成结果部位外移或上移，树势削弱，导致果实减产和品质下降。理想的结果母枝应是5～7月份抽生的春梢，即长度1米以上、基部直径1厘米以上的强旺发育枝。结果枝结果部位上方的叶腋间的芽形成早、发育好，留作结果母枝也能抽生良好的结果枝；长度在100厘米左右生长中庸的发

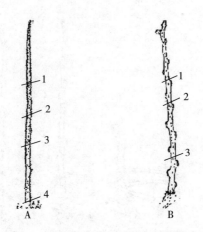

图 8-7　徒长枝和发育枝的冬季修剪方法

A. 徒长枝冬季修剪　　　B. 发育枝冬季修前剪
1. 短截（缓和树势）　　　1. 短截（长势强的品种）
2. 短截（做更新枝）　　　2. 短截（长势弱的品种）
3. 短截（做预备枝）　　　3. 短截（做预备枝）
4. 疏枝（去除）

图片来源：李绍稳（1997）

育枝，也是较好的结果母枝选留对象。因此，衰老的结果母枝基部有充实健壮、腋芽饱满的结果蔓或发育蔓，可回缩到健壮部位，这样可以避免结果部位外移；若结果母枝生长过高，则冬季修剪时将其从基部潜伏芽处剪掉，促使潜伏芽萌发，为将来培养新的结果母枝打基础。狝猴桃从多年生枝条潜伏芽上萌发的新梢一般当年不能结果，因此为保持产量，对结果母枝的更新要循序渐进，通常每年对全树 1/4～1/3 的衰老母蔓更新为宜。已结果的枝条一般 1～2 年更新一次；长势弱的短果枝型品种、结果母枝或已结过果的枝条需年年更新；长势强的长果枝型品种、结果母枝或结果枝两年更新一次（图 8-8）。单株留芽量以 600～800 个为宜。

4. 雄株的修剪　雄株主要是用来给雌株授粉，授粉好坏，对果实产量、品质影响非常大，所以在抓好雌株修剪的同时，也不能忽视对雄株的修剪。冬季修剪时可以只对雄株的缠绕枝、病虫枝、干

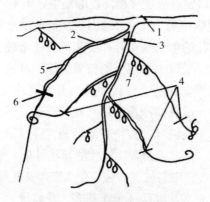

图 8-8　结果母枝的更新修剪

1.侧蔓　2.生长蔓作结果母枝更新　3.冬季修剪更新位置
4.夏季修剪位置　5.芽体　6.冬剪短截处　7.果实

枯枝、细弱枝、过密枝作适当修剪，以利于保持较大的花量，并且集中养分促使花粉量大、质量好，有利于授粉。

（二）夏季修剪

夏季修剪又称生长期修剪，在萌芽后至冬季落叶前都可进行。

1. 雌株的夏季修剪　修剪方法主要包括抹芽、摘心、疏枝、疏花、疏蕾、绑蔓等。具体修剪时间和方法见本章"二、主要修剪方法"的相关内容。猕猴桃枝蔓年生长量大，尤其是对于萌芽率、成枝率较高的品种如金桃，夏季不及时修剪会导致枝蔓相互缠绕、树冠郁闭。因此，猕猴桃夏季修剪是保障树体全年增产、丰收的重要环节，要分多次对树体进行夏季修剪。

（1）雌株的夏季修剪

①第一次修剪　在萌芽期进行抹芽定梢，主要是抹去主干、主蔓以及侧蔓上萌发的无用潜伏芽、2 生芽或 3 生芽，一般只留 1 个芽，其余的抹去。如果结果母枝上萌发的芽过多，也可适当抹去一些，以便调节树体的结果量。一般高接换头的树也要适当抹除一部

分砧木上的芽，以便养分在接穗部位的集中，但不可完全抹除。

2. 雄株的夏季修剪　花后 1 个月，剪除雄株细弱枝和已开过花的枝条，短截健壮的生长枝培养作翌年的开花母枝。另外，在雄株比较衰弱的时候，采取去弱留强的修剪措施，对过分衰弱的雄株适当重截，以促其恢复树势，保证翌年所开的花花粉量大、质量好。具体方法是：将开过花的雄花序枝从基部剪除，再从紧贴主干的主蔓和侧蔓上选留生长健壮、方位好的新梢，经过摘心、抹芽、绑蔓等夏季修剪措施，使之成为翌年健壮的开花母枝（雄花序枝）。在 7 月中下旬，继续去除细弱枝，剪截后作为翌年开花母枝的枝蔓顶端，使枝条长得粗壮充实，以保证翌年花多，花粉量大。花后修剪也可以在生长当年腾出更多的空间给雌株，扩大雌株生长和结果面积。

五、常用架式

狝猴桃是藤本植物，必须在定植前或定植后尽早地竖立坚固耐用的支架，以利于其生长和结果。如果搭设支架不及时，苗木不能向上直立生长形成骨架而匍匐于地面，造成枝条互相缠绕，长势减弱或者由基部萌发新梢，影响主干的形成，大大推迟进入结果期的时间。

（一）架式的类型及其特点

1. 大棚架　通常指水平大棚架，即在立柱上设横梁或牵引粗铅丝，再在其上拉铅丝，呈纵横方形的网络状，架面与地面平行，形似平顶的大荫棚（图 8-9），故称水平大棚架。大棚架可分为软架（图 8-9A）和硬架（图 8-9B）两种类型，在新西兰、日本及我国部分地区用得较多，十分适合平地果园和庭院栽培用。软架适宜于面积较大的田块，因为四周都要埋设地锚，需较多大型边杆和斜杆，如果地块小，会浪费土地，且不便作业；硬架适宜于面积较小的田块，特别是狭长地块。因为硬架需要架横杆，所以成本比软架高 40% 左右。

优点：棚架可充分利用地形的优势，架面平整，采光均匀一致，果实产量高、品质好；结构牢固，抗风能力强；果实采收方便，成形后可减少除草等劳动消耗。适合生长旺盛的品种。

缺点：整形时间较长，一般 4～5 年方可成形，投产迟。架式成形后通风条件不是很理想，生产中管理操作不很方便。建架成本较高。

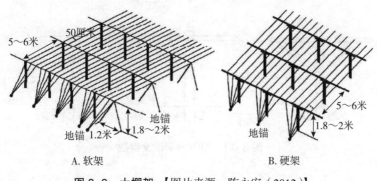

图 8-9　大棚架 【图片来源：陈永安（2012）】

2. "T" 形小棚架　"T" 形小棚架是在立柱上设一横梁，构成一个 "T" 字形的小支架，其架面较水平大棚架小，故称 "T" 形小棚架（图 8-10）。为了减少风害和便于管理，后来又发展了降式、翼式和锚式等改良型（图 8-11）。

沿猕猴桃种植行的正中心，每隔 5～6 米设一立柱，立柱全长 2.6～3 米，埋入土中 0.8～1 米，地上高 1.8～2 米；横梁长 2.5～3 米架于立柱的顶端，两边各 1.25～1.5 米，距地面 60 厘米处拉一道铅丝牵引猕猴桃上架，再在横梁上牵拉 3～5 道平行铅丝，使其中 1 道正对种植行。每排支架的两端支柱，需加长、斜埋、加锚石，并向外牵引，或在内侧加撑柱加固，以防铅丝拉紧后立柱向内侧倾倒。

优点：适宜于不规则地块和高低不平的地块。它可以独立存

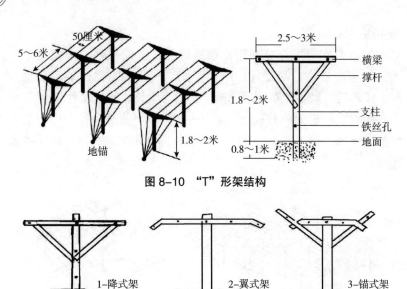

图 8-10 "T"形架结构

1-降式架　　　　2-翼式架　　　　3-锚式架

图 8-11 "T"形架改良架型

在，方便灵活，建架成本较低且建架容易。便于田间操作管理，可有效减少劳动消耗。通风透光条件好，投产较早，产量和果实品质都不低于大棚架。

缺点：抗风能力相对较弱，架面不易平整，易倒塌。果实品质较好但不一致，在生产实践中还需不断改良。

3. 篱架　篱架的架面与地面垂直，形似篱壁，故称篱架，是20世纪七八十年代国内应用较多的一种架式（图8-12）。又按其枝蔓在架面上的分布形式、层数不同可分为双臂双层水平形、双臂三层水平形和多主蔓扇形等多种形式，现在生产上用得较少，是为了提高棚架早期的产量作为一种过渡架型使用。沿猕猴桃定植行每隔5～6米埋入一根柱长一般为2.4～2.6米的支柱，地下部分需要埋入土中0.6～0.8米，每行两头的支柱承受压力较大，须选用较粗的支柱，而且埋入地下部分也应较深，并在内侧设立顶柱，或在外

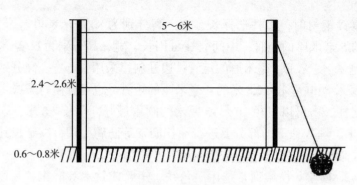

图8–12 篱架

侧埋设锚石。如果是采用双臂双层水平形，在距地面1～1.4米处牵一道铅丝，再在支柱顶部牵拉一道；如采用双臂三层水平形，则牵引三道铅丝，距地面60～70厘米处牵引一道铅丝，再距第一道铅丝60～70厘米牵引一道，第三道铅丝拉于柱顶，距第二道铅丝60～70厘米。

优点：建架成本低，管理方便。适宜于设施栽培使用，有利于早期丰产。

缺点：枝蔓生长旺，易徒长，给修剪管理造成不便，往往架面枝蔓丛生叶片密集，影响通风透光，中晚期产量低。尤其是生长势旺的品种，如翠香、中猕2号等采用篱架时如果修剪不当，容易使枝蔓过密而影响果实的产量、品质和经济效益。

（二）建架的材料

猕猴桃的架材主要由支柱、横梁和铅丝组成，在生产中选用这些架材时应考虑到当地的实际情况，要做到既经济节约，又简单实用。

1. 支柱 支柱用水泥柱较多，规格为12厘米×12厘米×250厘米（或10厘米×10厘米×250厘米），内置6根Φ5.5钢筋，用450号混凝土预制；撑杆也用水泥柱直接撑在立柱的内侧。

用镀锌钢材时，边柱选择长、宽、高分别为 80 毫米×40 毫米×3 米的 5 毫米厚的矩管；中间立柱可用长、宽、高分别为 60 毫米×40 毫米×3 米的 4 毫米厚的矩管；边柱斜撑采用长、宽、高分别为 60 毫米×40 毫米×2.8 米的 4 毫米厚的矩管。也可选用竹子或木材作立柱，木材以直径 10～15 厘米的圆木最好，全长 2.8 米，入土 0.8 米，埋入地下的部分要进行涂抹沥青等防腐处理，以延长其使用寿命。

2. 横梁 横梁通常选用三角铁、矩管或竹木等搭建。三角铁作横梁时粗度应有 6 厘米×6 厘米；矩管作横梁规格一般为长、宽、厚分别为 60 毫米、40 毫米、4 毫米；竹木作横梁时粗度直径达 8～10 厘米，全长 2.5～3 米为宜。

3. 锚石 由于成年猕猴桃园架面的负荷量相当大，因此各种架式都需要埋设锚石拉线或撑杆来加固，否则两端立柱容易拉断甚至倒塌。锚石一般都是就地取材的块石、断石柱或水泥柱，也可用水泥、碎石浇筑成水泥墩，建园时将其在架式的两端深埋并踩实。

4. 铅丝 生产上一般用 8～10 号铅丝。铅丝在架面负重后较易变形、伸长造成架面下沉，给园间操作带来不便。在新西兰允许篱架铅丝下沉 20～25 厘米，棚架铅丝下沉不能超过 10 厘米。我国为了解决这个问题，许多地方采用了 14～16 号的钢丝，特别是近几年出现的一种在钢丝外包裹了一层塑料的新产品更受生产者的欢迎，虽然其价格是普通镀锌铅丝的两倍，但由于其粗度小，单位架面的费用反而比用铅丝低，且在使用性能上可以防锈，弹性好，变形后易恢复，架面紧实，使用寿命长，效果好，是目前值得大力推广的架面线材。最近，国外一些厂家，如法国的德莱玛（DELAMA）公司在我国葡萄产区推广的塑料线材，具有光滑柔韧、质材轻便、热稳定性好、抗拉力强（优于电镀钢丝、普通的铅丝）、强度高的特点，且有白色、黑色、透明色和大小不同等多种规格可以选择，可在猕猴桃生产上试用推广。

（三）架式选择

首先考虑果园的地势条件，如不规则地块和高低不平的地块可选用"T"形小棚架；面积较大的平整地块选用大棚架的软架。从品种和品种特性来看，软枣猕猴桃生长势比美味猕猴桃和中华猕猴桃弱，可用"T"形架、篱架、弧形棚架和简易架。美味猕猴桃和毛花猕猴桃品种生长势旺，多以中、长枝蔓结果为主，故采用平顶棚架和"T"形架为宜。中华猕猴桃品种，以中、短果枝蔓结果者为多，除了选用平顶棚架和"T"形架外，也可用篱架、斜顶棚架和简易架。

第九章
主要病虫害及其防治

一、主要虫害及其防治

（一）大灰象甲

别名大灰象鼻虫，属于鞘翅目多食亚目象虫科。

1. 形态特征

（1）**卵** 长椭圆形，卵初为乳白色，后变黄色或黄褐色，长约1.2毫米，宽约0.55毫米。

（2）**若虫** 长约17毫米，乳白色，无足。

（3）**蛹** 裸蛹，长约10毫米，灰黄色，近棱形。

（4）**成虫** 体长8～12毫米，灰黄色或者褐色，密被灰白色、灰黄色鳞片，因而外表不显黑色。头部较粗短，中间有1条纵沟，复眼黑色，椭圆形，前胸稍长。腹部稍圆，胸背密布点刻，鞘翅略呈卵圆形，末端较尖，后翅退化。

2. 危害症状 早春成虫以短喙咬食刚萌发的幼叶、嫩芽和嫩梢，将其咬成缺刻。常数头成虫群集取食。幼虫在土中危害根系。虫害严重时常造成整株无叶、个别植株死亡。

3. 生活习性及危害规律

每年发生一代。以成虫在土壤中越冬，入土深度为40～50厘米。越冬成虫以4月中旬开始上树危害，4月下旬至5月初达到危害高峰，6月下旬成虫减少。4月份全天危害，5月上旬后可于上午10时前和下午4时后危害，中午高温时成虫几乎全部下树到土缝或其他阴凉处隐蔽。成虫不善飞行，以爬行为主，植株危害部位较低。6月中下旬大量产卵，卵产于抱合的叶片中间。卵块少者十余粒，多者达数十粒，卵期8～9天，孵化的幼虫在抱合的叶片中稍为取食后，即钻入土中以取食植物根部为生。若虫在土中化蛹，当年羽化成虫，随即越冬。成虫具有假死性和群集性。

4. 防治方法

（1）**物理防治** 该害虫成虫具有假死性的特点，成虫发生期进行人工捕捉或振落捕杀。新定植的苗木在4～5月份罩网袋保护。

（2）**药剂防治** 临近发芽期，树下喷2.5%敌百虫粉剂或在树干周围土表做宽约10厘米的敌百虫粉药环，可杀死出土上树的成虫，注意观察药力并及时更新药环。于成虫发生高峰期在树上喷施药剂防治，可用50%辛硫磷1 000倍液，20%除虫脲（1-萘乙酸）悬浮剂1 000倍液等进行防治。对猕猴桃附近林木如防护林及间作物应同期防治，减少虫源。

（二）线虫病

根结线虫属于垫刃目垫刃亚目异皮科根结线虫属。迄今为止，国内外资料报道的猕猴桃线虫病只有猕猴桃根结线虫病，主要包括南方根结线虫、花生根结线虫和爪哇根结线虫。该虫广泛分布于新西兰、日本、美国及我国长江流域，造成一定的危害。

1. 形态特征

（1）**卵** 细小，长圆形。

（2）**幼虫** 像蛔虫，透明无色，长375～500微米，雌雄不易区分。

（3）**成虫** 雌虫虫体不对称，梨形，头小；雄成虫与幼虫体形相似，但较大，成虫在根结内交配。

2. 危害症状

主要危害根部，从苗期到成株期均可受害。苗期受害，则植株矮小，新梢短而细弱、叶片黄瘦易落，挖根可见根系大量板结。成株期受害，则树势弱、枝少而弱、叶片发黄易脱落，结果少、小、僵硬。刨开成株根部土壤检查，受害植株的根系上长有米粒大小的瘤状物或纺锤形根结，即虫瘿，受害根部表面光滑较坚硬，初为淡黄色，以后逐渐变褐腐烂。受害植株根系较正常根短，分叉少，特别是吸收类毛细根明显较少，养分吸收能力降低，严重者后期引发根系腐烂。

3. 生活习性及危害规律

雌虫连续产卵2～3个月，产在寄主体内或土中。幼虫侵入寄主后，在寄主植物的中柱内，诱生巨型细胞和特殊的导管细胞。幼虫的分泌物刺激根部形成小瘤结，能阻断根部水和营养物质的上下运输，使植株生长受阻，甚至死亡。当土温适宜时，卵2～3天即可孵化，幼虫能存活数月，侵入寄主后即开始发育，离开寄主的幼虫主要在地面下10～30厘米的浅土层中活动。土壤湿度在10%～17%、温度在20℃～27℃最适合其生存，但超过40℃或低于5℃时，不适合生存。

根结线虫在土壤中活动范围很小，一年内移动距离不超过1米。因此，初侵染源主要是病土、病苗及灌溉水。线虫远距离的移动和传播，通常是借助于流水、风，农机具沾带的病残体和病土，带病的种苗和接穗，以及各项农事活动携带。

4. 防治方法

（1）**严格检疫** 培育无病苗木，调种苗时严格检疫，防止病虫传播蔓延。

（2）**科学建园** 在栽过棉花、葡萄和其他果树的土地上最好不栽或不培育猕猴桃苗。据调查，30%～50%的病园是没有选好园址造成的。采用水旱轮作（水稻、猕猴桃苗），每隔1～3年育苗对根结线虫具有良好的预防效果。定植前，可用阿维菌素药肥或乳油防治线虫，均匀撒施后耕翻入土。

（3）**病苗处理** 发现已定植苗木带虫时，立即挖除烧毁，并就近挖深约1米的大坑，将附近带虫苗木的根系土壤，集中深埋至地面50厘米以下（最好在雨季后进行）。

（4）**加强栽培管理**　加强对猕猴桃树的栽培管理，增施有机肥，重视枝梢管理和果园整形修剪，以增强树势提高抗病能力。另外，清除附近杂草，保持地面清洁，或种万寿菊、猪屎豆菜等对根结线虫有较大抵抗能力的植物。

（5）**药剂防治**

病区盛果期树，在距树主干0.5米处挖宽20厘米、深15～20厘米的环状沟，用1.8%阿维菌素（680克/667米^2）对水200升，搅匀灌入沟内，覆土、踏实。

（三）桑白蚧

桑白蚧又名桑盾蚧，属同翅目盾蚧科，是杂食性害虫。全世界已知其寄主植物多达120个属。可危害桃、李、杏、柿、樱桃、梅、梨、苹果、无花果、核桃、板栗、银杏、猕猴桃、葡萄、醋栗、木瓜、椰子、橄榄、芒果、枇杷、海枣、香石榴、香木瓜、柑橘、芭蕉等20多种落叶和常绿果树。由于此虫寄主多样而广，繁殖力强，我国和世界许多国家将其列为检疫对象。

1. 形态特征

（1）**卵**　椭圆形，长径仅0.25～0.3毫米。初产时淡粉红色，渐变淡黄褐色，孵化前橙红色。

（2）**若虫**　初孵若虫淡黄褐色，扁椭圆形、体长0.3毫米左右，可见触角、复眼和足，能爬行，腹末端具尾毛两根，体表有绵毛状物遮盖。蜕皮之后眼、触角、足、尾毛均退化或消失，开始分泌蜡质介壳。

（3）**成虫**　雌成虫橙黄色或橙红色，体扁平卵圆形，长约1毫米，腹部分节明显；雌介壳圆形，直径2～2.5毫米，略隆起，有螺旋纹，灰白色至灰褐色，壳点黄褐色。雄成虫橙黄色至橙红色，体长0.6～0.7毫米，有翅1对；雄介壳细长，白色，长约1毫米，背面有 3 条纵脊，壳点橙黄色，位于介壳的前端。

2. 危害症状　成虫、若虫常群集固着于枝干上危害，一般多集中在枝条分叉处，严重时整株分布，树体遍布白色，远看树干像涂白一样。桑白蚧以针状口器插入枝干组织中吸取汁液，使枝条表面形成凹凸不平的介壳，造成枝叶枯萎，甚至整株枯死。在树冠郁闭时该害虫发生最多，随之会带来霉菌感染，发生灰霉病。

3. 生活习性及危害规律　一年发生 2 代，以受精雌成虫在被害枝干上越冬，于 3 月上中旬开始危害嫩芽，继而危害嫩梢嫩叶，到了 5 月份繁殖量增加，危害加重，到 7 月份危害达到最高峰。其中，雄成虫喜欢集中一块危害，分泌白色物；雌虫喜欢单独活动，也就在枝干上分散。雌虫由灰白色转为灰褐色，而雄虫初孵化的若虫是淡黄色，后为白色，身上盖了一层绵毛状物，可使枝干发白。

4. 防治方法

（1）农业防治　若虫盛发期，因介壳较为松弛，可用硬毛刷或细钢丝刷刷除寄主枝干上的虫体。秋冬结合树盘下翻耕施基肥，破坏土内卵囊。在幼龄树果园发现该虫少量危害时，应不惜人力，将被害枝彻底剪去销毁。可结合整形修剪，剪除被害严重的枝条。

（2）物理防治　2 月底前在树干基部裹宽 10～15 厘米粘胶封锁带，防止土中若虫上树危害。粘胶可由废机油、柴油或植物油 1 千克，加热后（温度勿过高）放入松香粉 0.5 千克，使其熔解后备用。先用塑料薄膜包扎树干基部的四周，再涂粘胶便成一环状隔离带，这样既能预防粘胶中含有的残留汽油渗透入果树树皮，不阻碍树体内养分的正常运输，又能有效阻碍若虫上树危害。

（3）药剂防治　多虫成龄果园，在冬季落叶后，喷 3～5 波美度石硫合剂或 5% 煤油乳剂，将桑白蚧越冬虫体杀死。

（四）蝙蝠蛾

属于鳞翅目蝙蝠蛾科，为蛀干性害虫，除危害猕猴桃外，还危害板栗、梨、苹果等果树。

1. 形态特征

（1）**卵**　球形，长约0.7毫米，初乳白色，后变为黑色。

（2）**幼虫**　体长50～80毫米，头部红褐色，胴体污白色，圆筒形，体表具有大而明显的黄褐色瘤状突起和毛片，腹部1～8节背中央各有一特大毛片。

（3）**蛹**　圆筒形，黄褐色，头顶深褐色，中央隆起。

（4）**成虫**　体长32～40毫米，翅展61～72毫米。体为褐色或茶褐色，变化较大，头部小。初羽化成虫为绿褐色，半日后变为茶褐色，口器钝化，触角丝状，细短；前翅黄褐色，前缘有7个明显的褐色斑，翅中央有一个深褐色略带暗绿色的较大三角形斑，翅外侧有两条较宽的褐色斜带纹；后翅略短于前翅，黑褐色，无明显斑纹，边缘微黄。腹部长筒形，密被褐色茸毛。雄蛾后足腿节背侧密生橙黄色刷状毛，雌蛾无。

2. 危害症状　幼虫危害状态是将树皮啃成环剥状，再蛀食髓部或向下蛀食直到根部，造成地上部枝梢干枯或容易被风吹断。大龄幼虫常在蛀食处排出大量粪穴，蛀孔处常畸形膨大，极易折断。

北方尚未看见大面积经济危害，南方山区和丘陵地区普遍受害较重；平原和阔叶杂混灌木少的地区受害少；肥沃土壤比贫瘠土壤受害重；整形修剪差的猕猴桃园比整形修剪好的园子受害重；阴坡比阳坡受害重；山谷、山脚危害重。猕猴桃种植后7～8年为危害高峰期，虽此期有危害，但不会影响到经济产量。

3. 生活习性及危害规律　长江以北地区两年发生一代，长江以南地区多是一年发生一代。该虫以卵在地面、树干缝隙及幼虫在树干基部蛀食的隧道内越冬。卵在4月中下旬孵化，5月份开始危害，7月上旬开始化蛹，7月下旬至8月上旬羽化为成虫。成虫羽化后开始交尾产卵，每头雌虫每次可以产卵2 000～3 000粒。

4. 防治方法

（1）**科学建园**　建园时谨慎选择园址，定植猕猴桃幼树前及时

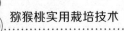

清除果园周围的杂木，如黄荆及野桐等寄主植物，以减少虫源。

（2）**农业防治**　加强果园管理，合理施肥、灌水及修剪，调节果园通风透光度，保持果园适当的温、湿度；冬季修剪时及时清理病虫害枝条，集中烧毁。

（3）**生物防治**　保护天敌，如食虫鸟、螨类、寄生性昆虫等。

（4）**药剂防治**　4月中旬在树冠及地面喷洒10%氯氰菊酯2000倍液，或50%西维因可湿性粉剂1000倍液等具有较好的效果。

（五）蝼　蛄

属于直翅目蝼蛄科，主要危害猕猴桃幼苗。

1. 形态特征

（1）**卵**　椭圆形。初产时长1.6～1.8毫米，宽1.1～1.3毫米；孵化前长2.4～2.8毫米，宽1.5～1.7毫米。初产时卵呈黄白色，后变黄褐色，孵化前呈深灰色。

（2）**若虫**　初孵时乳白色，二龄以后变为黄褐色，五六龄后基本与成虫同色。

（3）**成虫**　雌成虫体长45～50毫米，雄成虫体长39～50毫米。黄褐色至暗褐色，前胸背板中央有1个心脏形红色斑点。腹部近圆筒形，背面黑褐色，腹面黄褐色。

2. 危害症状　成虫、幼虫常在地表活动，危害猕猴桃幼苗的根部和靠近地面的幼茎，钻成许多纵横交错的孔道，呈现不规则的丝状残缺，使幼苗根部与土壤分离，植株枯萎而死亡，同时此虫还危害刚播下的种子。

3. 生活习性及危害规律

3～4月份开始活动，4～5月份是危害盛期，5～6月份产卵孵化，10月下旬开始越冬，以春、秋两季较活跃。蝼蛄在雨后和灌溉后比较活跃，为人工捕捉的好时机。蝼蛄成虫的趋光性比较强，危害期昼伏夜出，一般晚上9～11时为活动取食高峰，对香甜物质、马粪、牛粪等未腐熟有机质具有趋性。

4. 防治方法

（1）**物理防治**　利用成虫的趋光性，在夜晚活动盛期，进行灯光诱杀；电源方便的地方，可大面积设置黑光灯诱杀。若苗床发现虫道，可在道口滴少许废机油、煤油，然后灌水，蝼蛄当即爬出死亡。

（2）**农业防治**　清除杂草，深翻土地，结合灌溉，人工捕捉。

（3）**药剂防治**　幼苗出土至有3～4片真叶时最易遭受该虫危害。用菜油饼8～10千克加拌0.125%～0.2%敌百虫药液制成毒饼，傍晚撒于地面，切勿撒在苗上，每667米^{2}撒1.5～2千克。

（六）金龟子类

金龟子属于鞘翅目多食亚目金龟子科，可危害猕猴桃、梨、桃、李、葡萄、苹果、柑橘、柳、桑、樟、女贞等林木，它是猕猴桃的重要虫害之一。

1. 形态特征　其种类繁多，发生时期多不相同，但防治方法近似，选择最常见的铜绿金龟子，简介如下。

（1）**卵**　长1.5毫米，略呈球形，初为乳白色，后变为淡黄色。

（2）**幼虫**　乳白色，体常弯曲呈马蹄形，体壁较柔软，背上多横纹；头大而圆，多为黄褐色或红褐色，生有左右对称的刚毛；尾部有刺毛，生活于土中，一般称为蛴螬。

（3）**蛹**　体长约18毫米，裸蛹，长椭圆形，初为白色，后变淡黄色，最后变黄褐色。

（4）**成虫**　多为卵圆形或椭圆形，触角鳃叶状，由9～11节组成，各节都能自由开闭。体长18～21毫米、宽约8～10毫米，头胸部及鞘翅均呈铜绿光泽，前胸背板两侧边缘有黄褐色条斑，臀板三角形、黄褐色。

2. 危害症状　幼虫称蛴螬，危害猕猴桃地下根系，可咬断幼苗、嫩茎、幼根，将根系剥食光，使整株枯死。

成虫称金龟子，主要危害嫩叶、嫩芽，被害叶片形成不规则的缺刻和孔洞。被害果实表面稍隆起，呈褐色疮痂状，被害处果肉变成浓绿色的硬斑。新开辟的生地果园虫口密度大，在山地果园普遍受害较严重。由于美味猕猴桃有毛，金龟子不喜食，所以受害较轻。

3. 生活习性及危害规律　1年发生1代，8月份以后以老熟幼虫在土壤中越冬，翌年3月中旬于表土下活动危害。4月上中旬开始化蛹，中下旬开始危害猕猴桃叶片，5～6月份为成虫羽化期。成虫趋光性很强，且潜伏在表土下，傍晚群居于猕猴桃叶片上取食，大量发生时能将叶片吃光，仅留叶柄和主脉；成虫还具有假死性。6月中旬为产卵盛期。

4. 防治方法

（1）**物理防治**　利用成虫的假死性，在晴天清晨或傍晚摇树，掉落地面后将其踩死；利用成虫的趋光性，在其集中危害期，于傍晚用频振式杀虫灯诱杀。

（2）**农业防治**　合理施肥灌水，增强树势，提高树体抵抗力。科学修剪，剪除病残枝及茂密枝，提高果园通风透光率，保持果园适宜温、湿度。结合修剪清理果园，减少虫源。冬季施肥翻耕园地，消灭越冬幼虫。

（3）**药剂防治**　成虫盛发期，可以在傍晚天黑前对果园及周围的植株喷洒80%敌敌畏800倍液，或20%氰戊菊酯3000倍液进行防治。

二、猕猴桃主要病害及其防治

（一）细菌性溃疡病

猕猴桃细菌性溃疡病是一种严重威胁猕猴桃生产和发展的毁灭性病害，其发生具有范围广、传播快、致病性强、防治难度大等特点，可在短期内造成大面积树体死亡，现已被列为中国森林植物检疫性病害。目前已在美国、日本、法国、新西兰、韩国、伊朗、意大利、葡萄牙和智利等国家，以及我国陕西、安徽、重庆、四川、湖北、湖南和浙江等地发生，给世界猕猴桃产业造成了严重的经济损失。

1. 病原 病原为丁香假单胞杆菌猕猴桃致病变种。该菌腐生性强且耐低温，对高温适应性差，在5℃以下可以繁殖，15℃～25℃为最适宜温度。适温条件下，潜育期为3～5天，一般感病后7天可以看见明显症状。30℃条件下短时间也可以繁殖，但经过39小时即死亡。染病叶片在5℃下可出现病症，15℃下病斑迅速扩大，28℃时开始受到抑制，30℃以上则不发病。

2. 症状 冬季与早春时节，猕猴桃溃疡病菌从植株的茎蔓、幼芽、皮孔、落叶痕、枝条分叉处侵染，潮湿时感病部位产生乳白色黏质菌脓，与植株伤流混合后呈黄褐色或锈红色，病原菌借助风雨或修剪工具，从植株的气孔、水孔、皮孔、伤口（虫伤、冻伤、刀伤）等处侵入，随后扩延至整个枝蔓；春季时叶片呈现黑褐色斑点，周围有黄色晕圈，随后由于上年生的枝蔓溃疡、养分输送渠道被阻断，造成营养和水分缺乏，花蕾、幼芽及嫩枝逐渐感病枯萎；夏季时病原菌侵染至木质部造成局部溃疡腐烂，颜色呈黑褐色，影响养分的输送和吸收，造成树势衰弱；秋季时病原菌主要在皮孔、气孔及果柄处定殖，也可随病残体在土壤中定殖，侵染速度减弱。如此形成周年循环侵染。在中国，猕猴桃细菌性溃疡病一般在2月下旬至3月上旬开始发病。植株主干和枝条感病后龟裂，产生乳白色黏质菌脓，在3月中下旬至4月下旬，与植物伤流混合后呈黄褐色或锈红色，韧皮部局部溃疡腐烂，严重时可环绕茎干导致树体死亡；叶片一般在4月份开始感病，在新生叶片上呈现不规则形或多角形、褐色斑点，随后病斑周围有3～5毫米的黄色晕圈，导致叶片焦枯、卷曲；藤蔓感病后部分变成深绿色、水渍状，常形成1～3毫米长的纵向裂缝；4月下旬至5月中旬，花蕾感病后不能张开，随后变褐枯死并脱落（李黎等，2013）。

3. 发病规律

（1）**气候因素**　该病的发生与气候的关系密切。早春时节的多雨、高湿和低温（12℃～18℃）气候有利于溃疡病病原菌的快速繁殖，当温度升高至25℃，病原菌的危害减弱。冬季和早春时节的冰霜及风暴对病原菌的侵染起着重要作用，且相对而言，中华狝猴桃比美味狝猴桃更不适合在冰霜风暴严重的区域种植。狝猴桃细菌性溃疡病发生的早迟、危害程度与极端低温出现的早迟和低温程度关系密切。当极端低温达 –12℃以下时，此年将成为重病年或严重病年；当旬平均气温达20℃时，病害将会停止蔓延危害。狝猴桃细菌性溃疡病的发生与无霜期的长短也存在一定的关系，霜冻时间长，树体容易受冻伤，树势也就相对衰弱，从而对病害的抗性降低，有利于病原菌的侵入和危害。另外，海拔越高，冬季温度越低，冻害越严重，因此，海拔600米以上的园区病株率显著高于海拔600米及以下的园区。

（2）**栽培品种**　狝猴桃栽培品种间抗病性差异很大。新西兰学者研究的初步结果表明，红阳感病率最高，Hort16A、Gold3、Gold9、海沃德的感病率逐渐降低。同时，用美味系抗病品种与经济价值较高的中华系黄肉品种杂交，可获得一批优良的杂交抗病品种如 Green14。意大利、新西兰和韩国的学者在调查中也发现，中华系列狝猴桃 Hort16A 等在当地的感病程度明显高于美味系列的海沃德。在我国，张学武等（2000）研究表明，秦美溃疡病发病最严重，而秦香、秦翠发病率很低；李淼等（2004）发现金魁为抗病品种，早鲜次之，魁蜜再次之，华美2号、海沃德中感病，秦美、金丰最感病；申哲等（2009）和高小宁等（2011）的研究结果表明，红阳感病率最高，海沃德、哑特及秦美感病率依次降低，徐香最低。张毅（2013）等对陕西西安（周至、户县、长安）地区 12 个村 60 个狝猴桃园的狝猴桃溃疡病发病特点调查分析发现，品种、树龄与狝猴桃溃疡病的发生直接相关，4 个主栽品种（红阳、哑特、秦美和海沃德）中红阳最感病，哑特和海沃德次之，秦美发病最轻；

且随着树龄的增大，溃疡病危害相应加重（3～13年生）。石志军等（2014）通过枝条人工接种溃疡病病原菌的方法，评价了不同猕猴桃品种对溃疡病的抗性，结果枝条中华特和徐香表现为高抗；迷你华特、金魁表现抗病；红阳、大红、早鲜、早艳表现为高感。由于各项研究采用的操作和统计方法存在差异，且植株的生长环境、园区管理水平不同，因此，暂无法对各个品种的抗感病能力做出客观评价。

（3）**与农艺性状的关系**　猕猴桃雌雄株间溃疡病的发生存在明显差异，雄株发病较严重，而雌株发病较轻，其原因可能与雌雄株的生理差异有关。一般雄株的伤流期早、开花也早，病原菌在其体内的活动期也相应提前和增长，故雄株发病较雌株发病更重。通过对同一立地条件、同一树龄、不同密度猕猴桃园区发病情况的调查发现，种植密度越大，越有利于病原菌的传播；同时，密度大还导致园内的通风透光性差、湿度大，不利于树体的生长，因而更有利于病原菌的侵入和危害。通过对多地不同树龄发病情况的调查发现，一年生猕猴桃幼树无细菌性溃疡病发生；随树龄的增大，树体的营养消耗增大，树势逐渐衰弱，对病害的抗性降低，溃疡病的发生率和感病指数都随之增加。

4. 防治措施

（1）**严格检疫**　不从病区调运繁殖材料，新区一旦发现病株应立即销毁。

（2）**农业防治**　栽培管理措施、修剪强度与时间、冬灌、施肥的种类及数量都将直接影响溃疡病的发生程度，适当的农业防治措施对猕猴桃细菌性溃疡病具有一定防治效果。施用过量的氮肥会增加溃疡病的感染概率。一些农艺技术如绑枝、灌溉、修剪枝条等，均有利于病原菌的传播，所以应将园区的感病植株及时彻底清除，未感病植株若因修剪或其他原因产生伤口，则应立刻用油漆或保护剂封闭伤口，所用工具、农具及设备等均需消毒处理。在冬季干燥环境下修剪枝条，避免植株生长过高、过密，从而影响药剂喷雾覆盖面。严禁栽植带菌苗木和在病园采集接穗，适时、适量施肥、灌水，多施有机肥、磷钾肥，合理修剪，注意清沟排水，并对其他病虫害进行科学防治，均能有效地提高树势、预防溃疡病的发生。

另外，新西兰和意大利的猕猴桃果农最近正尝试使用塑料薄膜覆盖来防治猕猴桃溃疡病。已有的试验结果表明，塑料薄膜可以有效阻止溃疡病对猕猴桃的威胁。溃疡病病菌的存活和生长需要潮湿环境，这正是塑料薄膜覆盖的原因，主要是隔离雨、雪和雾，减少潮湿环境的形成。创建密闭的可调控环境是治理溃疡病的长期有效措施。研究人员指出，塑料薄膜离植株顶部的高度为3米，可以在现有的果园上方进行搭建。在这样一个几乎敞开的大塑料棚空间里，溃疡病病菌虽仍有可能生长，但是一旦剥夺了其赖以生存的潮湿环境，该病菌就不能够侵染树体。同样的试验也在意大利开展，试验采用两种覆盖材质：防雹膜和塑料薄膜，供试品种为Horti 16A，覆盖防雹膜的猕猴桃园遭到了溃疡病的严重侵染，大部分果树绝收，而在覆盖塑料薄膜的猕猴桃园中，98%的果树都能正常结果。新西兰的试验也表现了同样的结果。尽管薄膜覆盖成本很高，尤其是相对于黄肉猕猴桃来说，但是这种方法看起来是目前抵抗溃疡病病菌的最可行的措施。这是一项新举措，在新的栽培环境下种植猕猴桃前，果农们还需要相关方面的技术支持。果农们已经开始采用这种防治方法，目前已有不同品种、不同海拔分布的30公顷的猕猴桃园覆盖了塑料薄膜。

（3）**化学防治**　在新西兰和意大利，研究发现猕猴桃溃疡病病菌在实验室内极易被杀死，但杀死病菌而不伤害猕猴桃植株却较难，当病菌感染达到维管束系统时，药剂处理效果不明显。一般的杀菌剂均可以杀死表面的溃疡病病菌，但是残余的溃疡病病菌很快就通过分裂产生新的病菌，在很短时间内，病菌量又达到了处理前状态，因此，持续防治显得十分重要。李瑶等（2001）指出百菌通（DTMZ）为猕猴桃细菌性溃疡病防治的首选药物，冬末春初采用"划道"法可控制病斑扩展，夏季彻底刮除病斑，其疗效高达90%。

张峰等（2005）用 500 倍液的 95% 细菌灵涂抹病斑防治猕猴桃溃疡病，治愈率达到 94.3%。王西锐等（2011）发现噻霉酮防治猕猴桃溃疡病效果最好，秋冬季广泛用此药涂抹易发病的纵划的嫁接口、枝杈等处进行预防，春季发病期及时涂抹纵划的病斑进行治疗，同时配合叶部喷药、科学栽培，可保证产量损失降到最小。Young（2012）等研究发现，春季溃疡病病原菌侵染猕猴桃叶片后，不管其病斑是否明显，采用铜制剂都无法有效控制病害蔓延，但在秋季叶痕部位涂抹铜喷剂可以对溃疡病的发生产生一些预防作用；在春季对猕猴桃叶片施用链霉素可以降低溃疡病的发病率，但将链霉素直接注射到猕猴桃主干中的传统做法，容易导致叶片边缘严重发育不良且叶片萎黄。近期，新西兰学者也对植物诱抗剂进行了研究，认为在猕猴桃细菌性溃疡病发生前适当施用诱抗剂，可以有效控制病害的发生率，但施用过多也会影响猕猴桃植株自身的生长。

（4）生物防治　目前，猕猴桃细菌性溃疡病的生物防治仅处于萌芽阶段，以病原菌的拮抗菌和植物源制剂的研究利用为主，对其防御机制等尚缺乏系统研究。近年来，学者们分别获得了一系列对猕猴桃溃疡病菌有较好拮抗作用的菌株，经形态及生理生化特征验证，种类分别为放线菌、芽孢杆菌、链霉菌及枯草芽孢杆菌菌株。魏海娟等（2011）首次针对猕猴桃溃疡病菌，利用从锦葵科植物中提取的一种具有高生物活性的物质羟基双萘醛（WCT），进行室内抑菌效果测定、大田防效和施药后引起的寄主植物蛋白表达等分析，结果表明，质量浓度为 50 毫克 / 毫升的 WCT 在田间对猕猴桃溃疡病的相对防效达 69.3%，证实 WCT 可以有效防治猕猴桃溃疡病。据报道，新西兰环境保护局已批准在猕猴桃上使用一种抗菌新药——春雷霉素，该药剂是直接喷洒在农作物上进行防治病害，此前在新西兰不允许使用。ETEC 农作物公司于 2013 年 5 月向新西兰环保局申请从日本进口春雷霉素，获得批准，但为了保障消费者健康和环境不受损害，环保局规定使用者必须接受专门的训练并获得许可资格，春雷霉素采用土施，不能直接向空气中喷雾；

同时还规定了严格的使用剂量。但该种药剂是否对蜜蜂产生影响尚未做出评估。使用春雷霉素是一种比较有效的控制溃疡病病毒的措施，尽管在使用中可能存在一定的风险，但是风险是可以控制的。在花期之前喷洒，就可以有效减轻人们和动物食用果实时可能存在的危险，同时由于花期不使用该抗生素，所以蜜蜂受到的影响也很小。

（二）根腐病

猕猴桃根腐病是一种毁灭性病害。病株感病后，树势衰弱，产量降低，品质变差，严重时会造成植株整株死亡，对猕猴桃生产影响极大。

1. 病原 一是疫霉菌，属于担子菌门蜜环菌属。子实体丛生，菌盖蜜黄色，担孢子单胞无色，近球形。二是蜜环菌，属于卵菌门疫霉属。孢子囊呈柠檬形，有乳突，萌发产生游动孢子。

2. 症状 根腐病从猕猴桃苗期到成株期都可发病，发病部位均在根部。该病由多种真菌引起，症状因病原不同而不同。疫霉菌引起的侵染方式有两种：一种是由根尖侵入，然后逐渐向内部发展。另一种是从根颈部或嫁接口处侵入，发病部位出现水渍状病斑，皮层坏死腐烂，严重时呈现环状腐烂；地上部长势弱，萌芽迟，叶片小，叶色黄，严重时整株死亡。由蜜环菌引起的症状为初期根颈部皮层出现黄褐色水渍状块状斑，皮层逐渐变黑软腐，韧皮部和木质部分离，易脱落，木质部也可变褐腐烂；病株地上部表现为新梢细弱、叶片小、叶色淡、长势弱；当土壤湿度大时，病斑迅速扩大蔓延，导致整个根系变黑腐烂，地上部叶片迅速变黄，最后整株树体萎蔫死亡。在果树旺长期或挂果以后，特别是7～8月份，如遇久雨突晴，或连日高温，有的病株会突然整株萎蔫死亡。后期在患病组织内部充满白色菌丝；腐烂根部产生许多淡黄色成簇的伞状子实体。在土壤潮湿或发病高峰期，病部均产生白色霉状物。猕猴桃根腐病会造成根系皮层腐烂，破坏猕猴桃的输导系统，影响对有机物的运输功能，从而导致植株枯萎或死亡。

3. 发病规律 蜜环菌以菌丝或菌索等形式在土壤病残体上越冬，翌年春季随耕作或地下昆虫传播，可从伤口侵入，也可以直接侵入根系；疫霉菌以卵孢子的形式在病残体上越冬，翌年转暖后卵孢子萌发产生游动孢子囊，游动孢子囊释放游动孢子，游动孢子借助风雨或者流水传播，从伤口侵入组织。

根腐病一般4～5月份开始发病，7～9月份的高温、高湿季节发病严重，由病残体传播，经接触感染，10月份以后停止发病。地下害虫如蛴螬、地老虎等侵害猕猴桃根系后，病菌更容易通过伤口侵入感病。该病的发生与树龄、栽植深度有一定的关系；浇水过多、果园积水、施肥距主根较近或施肥量大、翻地时造成大根损伤、栽植过深、土壤板结、挂果量大、土壤养分不足，以及栽植时苗木带菌，都容易引发根腐病。

4. 防治方法

（1）慎重选择园址，科学建园 建猕猴桃园时，选易排灌、透气性好的肥沃地块。建园前要挖深沟排水，减少土壤积水，减轻发病。幼苗定植时，应施入少量50%敌磺钠可湿性粉剂，每株用15克药兑水1升后浇根，作为定根水，每月浇1次，确保根系健康生长。猕猴桃苗栽植不宜过深，土壤中残留的杂木、树桩和感染病原的根系要及时清理烧毁。

（2）农业防治 高垄栽植，合理排灌，雨季要注意做好排水工作，防止田间积水。及时合理中耕除草，增强土壤通气性，但不要伤根。冬夏修剪留芽量适中，多施有机肥，提高土壤腐殖质的含量，增强树势，不施用未腐熟的有机肥。土壤撒施生石灰或苦参碱制成的毒土，之后浅耕，既可以控制病菌，又能对地老虎和蛴螬等地下害虫有一定的杀灭作用。

（3）药物防治 发病轻的可用80%代森锌200～400倍液灌根。盛果期树每株用70%敌磺钠粉剂50～100克兑水10升灌根，若再加入少量赤霉素等植物生长调节剂，则效果更好。受害严重的植株，要整株挖除和销毁，并进行土壤消毒。剪除病枯枝，刮除老蔓上的病斑，并用 5% 菌毒清 30 倍液，或 10 波美度石硫合剂涂抹刮除的病斑和修剪口，7～10 天涂 1 次，连涂 3 次。

（三）花 腐 病

1. 病原 该病属细菌性病害，主要是由绿黄假单胞菌和丁香假单胞菌等引起的花部和幼果病害，严重时会引起大量落花落果和畸形果。

2. 症状 猕猴桃细菌性花腐病主要危害猕猴桃的花蕾、花瓣、幼果，轻则造成小果、畸形果，重则造成大量落花、落果，严重影响猕猴桃的产量和品质。受害严重的花蕾不膨大，花萼变褐，蕾脱落，花丝变褐腐烂，最终脱落；受害轻的花蕾能膨大，但不完全开花，花瓣呈橙黄色，病菌入侵子房后，引起落花、落蕾，也可能坐果，但形成的果实较小或变为畸形果。病菌从花瓣扩展到幼果上，引起幼果变褐萎缩，病果易脱落。花期温度偏低，遇雨或园内湿度大，该病发生较重。

3. 发病规律 病原菌在树体的叶芽、花芽和土壤中的病残体上越冬。早春随风、雨、人为活动在果园中传播，也可通过昆虫、病残体传播，由气孔、伤口入侵。该病的发病程度与气候的关系十分密切，花朵发病率与整个花期的降雨量呈正相关。地势低、排水不良、通风透光差及湿度大的果园易染病，多雨年份也易染病。花腐病借风雨、昆虫、病残体传播，由气孔和伤口侵入树体，在常温高湿条件下发病，连阴雨时可多次感染。

4. 防治方法

（1）农业防治 加强果园管理，注意排水，增施腐熟有机肥，提高树体的抗病能力。适时中耕除草，改善园内环境。改善花蕾部的通风透光条件，及时将病花、病果捡出，减少病菌来源。夏季应及时剪除病虫枝、下垂枝和徒长枝，并反复摘心使树冠通风透光。

（2）药物防治 冬季用 5 波美度石硫合剂对全园进行彻底喷雾；

芽萌动期用3～5波美度石硫合剂全园喷雾；展叶期用50%退菌特可湿性粉剂800倍液或65%代森锌可湿性粉剂500倍液喷洒全株，每10～15天喷1次，特别是要在开花初期喷洒1次。

（四）褐 斑 病

褐斑病是猕猴桃生长期最严重的叶部病害之一，全国人工栽培区几乎都有发生。此病危害严重，会导致叶片大量枯死或提早落叶，影响果实产量和品质。

1. 病原　无性世代为一种叶点霉菌，属球壳孢目球壳孢科叶点霉属；有性世代为小球腔菌，属座囊菌目座囊菌科小球壳菌属。

2. 症状　发病部位多从叶缘开始，初期在叶边缘出现水渍状污绿色小斑，后病斑顺叶缘向内扩展，形成不规则的褐色病斑。在多雨高湿条件下，病情扩展迅速，病斑由褐色变黑色，引起霉烂。正常气候条件下，病斑四周深褐色，中央褐色至浅褐色，其上散生或密生许多黑色小粒点，即病原分生孢子器。高温干燥气候条件下，被害叶片向内卷曲或破裂，导致提早枯落。叶背病斑呈黄棕色。叶面也会产生病斑，一般较小，3～15毫米。

3. 发病规律　病菌可以同时以分生孢子器、菌丝体和子囊壳在寄主病残落叶上越冬，翌年春芽萌发展叶后，产生分生孢子和子囊孢子，随风雨飞溅到嫩叶上，萌发菌丝进行潜伏侵染，在猕猴桃抽梢现蕾期危害叶片，新产生的分生孢子在生长季节进行多次再侵染。我国南方地区5～6月份多雨、气温20℃～24℃时，利于该病菌侵染。7～8月份为病害盛发期，气温25℃～28℃时病叶大量枯卷，感病品种整片叶枯黄、落叶。10月下旬至11月底，猕猴桃树体逐渐落叶，病菌在落叶上越冬。连续阴雨天气有利于病害的发生和蔓延，树势衰弱、偏施氮肥、地势低洼、通风透光不良的果园发病重。

4. 防治方法

（1）**科学建园**　新建猕猴桃果园时，除了重视猕猴桃品种丰产性和品质之外，还应特别重视品种对褐斑病和灰斑病两大病害的抗性。

（2）**农业防治** 加强果园管理，适时修剪，增施有机肥，清洁果园，彻底清除病残体，及时清沟排水，做好果树通风透光工作，以降低湿度，减轻发病程度。冬季将修剪下来的枝条和落叶全部清理干净，结合施肥将其埋于肥坑中。此项工作结束后，将果园表土翻埋 10 厘米左右，既松了土，又达到了清理病菌的目的。最后用 5～6 波美度石硫合剂于冬季前后进行封园处理 2 次。

（3）**药剂防治** 发病初期，可用 70% 甲基硫菌灵 1 000 液，或 75% 百菌清可湿性粉剂 500 倍液，或 70% 代森锰锌 400～500 倍液，或 50% 甲霜锰锌 400 倍液，隔 7～8 天喷 1 次，共喷 2～3 次，可有效控制病害流行。

（五）叶 斑 病

叶斑病又称尾孢霉褐斑病、褐色麻斑病，是果园常见病害，常与灰斑病和褐斑病混合危害。

1. 病原 病原是一种尾孢霉菌，属半知菌亚门丛梗孢目暗梗孢科尾孢菌属。

2. 症状 从春梢展叶至深秋均可危害叶片，初期症状为褪绿小污点，后渐变为浅褐色斑点，病斑大小悬殊很大，有圆形、角形或不规则形，大小为（0.5～0.8）毫米×（1～6.8）毫米，后期彼此愈合成数十毫米乃至扩展为叶面积一半的大块斑。在湿度大的情况下，叶面患病组织上会长出黑色霉层，即病原分生孢子堆。气候干燥时，容易脱落。

3. 发生规律 病原以菌丝、分生孢子梗和分生孢子在地表病残叶上越冬，翌年春季产生的新的分生孢子借风雨飞溅到嫩叶上进行初侵染，继而危害叶片，从病部长出分生孢子梗，产孢后再行复侵染。高温高湿条件利于病害发生。贵州、湖南等省的一些果园，一般在 5 月中下旬开始见病症，6～8 月上旬为发病高峰；8 月中下旬至 9 月中旬，高温干燥，不利病菌侵染，但老病叶枯黄或脱落较为严重。

4. 防治方法　与猕猴桃褐斑病兼顾防治。

（六）黑　斑　病

猕猴桃黑斑病是人工栽培猕猴桃的一种主要病害。该病主要危害叶片、枝蔓，也可危害果实，严重影响猕猴桃的生长、结果和果实品质，该病在湖南、湖北、江西等地危害严重。

1. 病原　病原菌属于囊菌亚门座壳菌目多胞菌科小球腔菌属。此菌主要以无性阶段出现，具内生和表生菌丝。分生孢子浅褐色，倒棍棒状或长圆柱形，多胞。

2. 症　状

（1）**叶片**　初期叶片背面形成灰色茸毛状小霉斑，以后病斑扩大，呈灰色、暗灰色和黑色绒霉状，严重者叶背密生数十个至上百个小病斑，病斑多呈圆形或不规则形，病健交界处不明显，病叶易脱落。

（2）**枝蔓**　枝蔓感病后，初在表皮出现黄褐色或红褐色水渍状、纺锤形或椭圆形病斑，稍凹陷，后扩大并纵向开裂、肿大，形成愈伤组织，病部表皮或坏死组织上产生黑色小粒点（病原菌有性阶段的子实体）或灰色霉层。

（3）**果实**　6 月上旬，果实出现病斑。感病初期，表面出现灰色茸毛状霉斑，后逐渐扩大成灰色至暗灰色大绒霉斑，随后绒霉层大多脱落，形成直径 0.2～1 厘米的近圆形凹陷斑。刮去病斑表皮可见果肉呈褐色至紫褐色坏死，病斑下面的果肉组织形成锥状硬块。果实后熟期病健部位果肉最早变软发酸，不堪食用，以后整个果实腐烂。从果面出现灰色茸毛状小霉斑到形成霉层时脱落，产生明显凹陷的大病斑需要 25～40 天。

3. 发病规律　病菌主要以菌丝体和有性子实体在枝蔓病部和病株残伤体上越冬，气流传播，也可通过带病苗木远距离传播。在枝蔓病部所形成的子囊孢子和分生孢子是翌年主要侵染源，每一枝蔓病部就是翌年病害发生的一个发病中心，进行再侵染。4月下旬至5月下旬为叶片发病初期，5月下旬至6月上旬为果实发病初期。通常植株近地面处的叶片首先发病，继而向上蔓延。栽植过密、支架低矮、枝叶茂密或徒长（通风透光不良）的果园，极有利于病害发生和流行。5～8月份连阴雨天多的年份往往发病重，发病早。

4. 防治方法

（1）**严格检疫**　实行苗木检验，防止病害传播。

（2）**农业防治**　加强肥水管理，促进树体生长健壮。改善果园通风透光条件，降低园内湿度。4～5月份发病初期及时剪除发病枝梢和叶片，防止病害传染和蔓延。搞好冬季清园，清除病株残体和发病枝蔓，集中到园外粉碎深埋，并用5～6波美度石硫合剂于冬季前后进行封园处理2次。

（3）**药剂防治**　从5月上旬开始，每隔10～15天防治一次，连续4～5次，用70%甲基硫菌灵可湿性粉剂1000倍液，或50%退菌特可湿性粉剂800倍液等进行树体喷雾防治。

（七）菌 核 病

猕猴桃菌核病是多雨地区果园常见病害之一。病原寄生范围极广，国内报道的寄主达70多种，包括油菜、莴苣、番茄、茄子、辣椒、马铃薯、三叶草等植物。

1. 病原　病菌为核盘菌核菌，属于子囊菌亚门柔膜菌目核盘菌科核盘菌属。

2. 症状　主要危害花和果实。雄花受害，最初呈水浸状，后变软，继而成簇衰败凋残，干缩成褐色团块。雌花受害，花蕾变褐、枯萎，不能绽开。在多雨条件下，病部长出白色霉状物。果实受害后，初期呈现水渍状褪绿斑块，病部凹陷，渐转为软腐。病果不耐贮运，易腐烂。大田发病严重的果实，一般情况下均先后脱落；少数果实因果肉腐烂、果皮破裂、腐汁溢出而僵缩；发病后期，病果果皮表面产生不规则黑色菌核粒。一般坐果期（花后 1 周左右）果面即出现凹陷，轻者果面出现轻微凹痕（表皮不受影响），重者缩果、畸形，果实脱落。

3. 发病规律　病菌以菌核或附于病残体上在土表越冬，翌年春季猕猴桃树始花期萌发，产生子囊盘并放射出子囊孢子，借风雨传播，危害花器。土表少数未萌发的菌核，可以在此后的不同时期萌发，侵染果园生长后期的果实，引起果实腐烂。当温度为 20℃～24℃、空气相对湿度 85%～90% 时，发病迅速。

4. 防治方法

（1）**农业防治**　冬季修剪、清园、施肥后，翻埋表土 10～15 厘米深，使土表的菌核被深埋于土中不能萌发，能极有效地减少初侵染病原的数量。

（2）**药剂防治**　用 50% 乙烯菌核利可湿性粉剂、40% 菌核净、50% 异菌脲、50% 腐霉利可湿性粉剂 1 000 倍液等，在开花前、落花期及幼果期喷布花蕾、花朵及果实 2～3 次。注意，开花前、幼果期喷药要保证药剂的渗透性，促进药剂深入内部，发挥防效。

三、生理病害及其防治

（一）鸡爪叶病

1. 病原　属于一种生理性病害。因缺钾引起，病害叶片含钾量多在 1.26% 以下，而正常健康叶片常在 1.37% 以上，缺钾果园土壤速效钾含量常在 106 毫克/千克以下。

2. 症状　萌芽后新梢生长较弱，叶色较浅，叶型较小。新叶充分长成后，叶缘周边宽约 2～3 毫米处的叶色黄化，保持均匀的淡黄色。部分叶片自叶缘开始出现不规则向内逐渐扩展的褐变叶面，叶片向上卷曲，少数能卷成筒状。夏季新发叶片发病时，多自叶缘开始，向主侧脉间叶肉组织扩大，出现褐变坏死，留下一个自主脉中部至叶基两侧绿色三角形区，状如缺镁。严重时，整个叶片焦枯、变脆、碎裂脱落，留下叶柄与主侧脉基部形状如鸡爪的残余绿色部分，故称其为"鸡爪叶病"，此种叶片常伴随凋落，但少量果实仍可残留树上。

3. 防治方法 宜用生物钾或多施有机质肥进行补充，每公顷每年施钾量不应少于 300 千克，但钾易随雨水流失，故宜分多次施入，每次每公顷以施钾 75～150 千克为宜，根据钾肥含钾百分比和结果量，合理制定施用量。施入时期应以萌芽前、开花前及夏梢抽发前为主。

（二）裂 果 病

1. 病原 该生理病害主要是水分供应不均，营养不平衡、不同地形、地势或天气干湿变化过大引起的。

2. 症状 裂果病主要发生在果实上组织不大正常的部位，如锈斑、黑星病病斑、日灼处等，染病果实可从果实侧面纵裂，有的裂缝可深达 1 厘米，也有的从萼部或梗洼、萼洼向果实侧面延伸。此外，有些品种在贮藏期也可发生纵裂或横裂。

3. 发生规律 果实裂果的严重程度与品种有关，如树势弱的品种裂果严重，中华猕猴桃比美味猕猴桃裂果严重。

4. 防治方法 ①栽植不易裂果的品种。②注意水分管理，尤其天气干湿变化过大时，及时浇水或追肥，防止裂果。③喷洒比久 800～1 000 毫克 / 千克。④注意控制贮藏窖温、湿度，避免过高或过低。

（三）藤 肿 病

1. 病原 该病是一种常见的生理性病害，发病原因有很多，但是在缺硼的园地里经常看见该病的发生。据调查，土壤含速效硼低于 0.2 毫克 / 千克的果园发病较重，发病枝蔓中全硼含量多低于 10 毫克 / 千克，正常的枝蔓中全硼含量应在 15 毫克 / 千克以上，平均约 23 毫克 / 千克，因此认为此病多是由缺硼引起的。

2. 症状　树体主干及主枝上出现上下两端较细，而中间一段突然显著增粗，状如肿大的症状，因此命名为藤肿病。在患病部位，常有皮孔突出的粗皮，或部分粗皮突出的皮孔进一步爆裂，甚至有长度可达 2～3 厘米的裂口现象伴生。同时，在此裂口之下的形成层组织，多呈褐色坏死症状，并具发酵臭味。此肿大的枝段下端，常是分枝的交界处，其致密的节间细胞组织，起着明显的截留同化营养的作用。该病可导致树势减弱，甚至整株枯死。

3. 发生规律　此病多出现在 2 年生以上的老枝蔓上，一年生嫩梢仅在夏、秋高温干旱天气，土壤瘠薄时才会出现。

4. 防治方法

①在早春树体展叶后到开花期间，结合提高坐果率喷施 0.2%～0.3%硼酸溶液 2～3 遍。②早春在树下地面按每平方米面积均匀撒施硼砂 1～2 克。

（四）日 灼 病

1. 病原　该病是一种常见的生理性病害，可危害叶片、果实和枝蔓。主要发病原因是果实在夏季高温期直接暴露于烈日强光下，果粒表面局部温度过高，水分失调而导致灼伤，或由于渗透压高的叶片向渗透压低的果实夺取水分，而使果粒局部失水，再受高温灼伤所致。

2. 症状　受害果实最初在果面上出现淡褐色、豆粒大小的斑块，后扩大成 7～8 毫米椭圆形、表面略凹陷不规则形的红褐色坏死斑，表面粗糙。受害处易遭受炭疽病或其他果腐病菌的后继侵染并引起果实腐烂。枝蔓向阳面出现树皮灼伤，皮层局部坏死，纵向开裂，称为日灼溃疡。

3. 发生规律　一般篱架比棚架发生重：地下水位高、排水不良的果实发病较重；施氮肥过多的植株，叶面积大，蒸腾量大，发生日灼病也较重。夏季易发生果实和叶片日灼病的果园，冬末初春易发生枝蔓日灼溃疡。日灼病是一种分布范围较广，危害较大的非侵染性重要病害，常引起严重落果，一般落果率约20%，个别品种落果率高达45%左右。

4. 防治方法 ①加强科学管理，果园覆盖秸秆等保墒措施是预防日灼病的基础；果园栽种牧草或间种绿肥，可减轻日灼病；适量增施优质有机肥，避免过多施用速效氮肥；注意排水，地势低洼的果园要注意雨后排水，降低地下水位。②修剪时避免果实在阳光下直接暴晒，夏季持续高温和干旱少雨时加强灌溉，补充树体蒸腾散失的水分。③要多注意架面管理，夏季修剪时，在果实附近适当保留几片叶遮阴，以免果实直接暴晒于烈日强光下。在日灼病发生初期，把白纸粘贴在日灼果果面，并拉扯枝叶遮挡果实，以减少日光直接照射。其他部位过多的叶片要适当除去，以免向果实夺取过多水分。另外，果实套袋也可大大降低日灼病的发生。④在高温季节，不要喷施机油乳剂及石硫合剂之类的农药，以免加重日灼病的发生。

（五）畸形皱叶病

1. 病原 此病与新西兰史密斯教授在其所著《猕猴桃营养失调诊断》书中描述的2、4、5-T药害相类拟。也是和普通的多种病毒病害相类似的一种新型生理性病害。

2. 症状 表现为部分叶形变狭长，且向内抱合，多数叶片呈现为近叶柄部分特别狭窄的各类畸形，并严重皱褶，叶片变小。此病常与鸡爪叶病等其他缺钾症伴生，且春梢出现此病后，经施钾矫治，夏梢新叶又可随同鸡爪叶病等缺钾症状同时消失，恢复正常，因而可初步诊断为是缺钾症的另一种新类型。

3. 防治方法 同鸡爪叶病防治。

（六）缩 枝 病

1. 病原 缩枝病是一种比较罕见的新生理性病害。初步确认，猕猴桃缩枝病的主要病因与缺硼有关。该病出现后的1～2年内，植株多因生长量过小，同化营养严重不足导致迅速死亡。其发病原因，起初疑是严重缺钾所致，但施钾后，其他缺钾症状均能消失，唯独此缩枝症状残留，可见此病的致病主因并非缺钾，而是另有原因。最后发现，此缩枝病的主要原因，与其他果树的"丛枝"现象相类似。因此据此原理，测定了病树根际土壤的速效硼含量，结果发现均属极低水平，全在 0.26 毫克 / 千克以下，且以 0.12 毫克 / 千克以下较多。同时，缩枝病表现出叶基小而腋芽较大的症状，正是因为输导组织在严重缺硼的前提下，不能正常发育，致同化营养物质在小叶内合成后，难于向根部运输，特别是节位致密组织，更有阻滞养分输导的显著作用，故同化物虽少，但却多被就地滞留，使腋芽得以显著膨大，形成一串念珠状的腋芽密挤现象。而且，根际几乎完全得不到营养的供应，导致严重饥饿而整株早死。

2. 症状　开始发病时，春梢不能正常伸长，梢极短而节间密，但仍有 1 厘米以上的节间距离，叶型变小，且部分或全部叶片变窄，正面出现不规则的叶肉组织隆起，叶缘现规则或不规则的黄化。继而叶色进一步变淡，且愈接近顶端，叶色愈变黄绿色，叶肉组织的黄化部分扩大，并出现叶缘焦枯现象。部分轻病树所发夏梢，叶色显著较春梢叶淡，腋芽突出明显，节间也较密。发病严重的春梢生长更衰弱，叶片进一步缩小，呈畸形卷曲，节间显著缩短；病情更严重的新梢，已完全丧失伸长能力，节间长度缩到 0.1～0.2 厘米，叶片有不超过 2 厘米的微型叶出现，但腋芽却反而突出明显，彼此密挤于同一短梢之上，使此圆珠形腋芽的着生，状如一串念珠。

3. 防治方法

①应适量及时喷施硼素，萌芽期除喷 0.3% 硼酸液 2～3 次外，并迅速分多次按每平方米根分布范围内撒施 1 克左右硼砂，以迅速提高土壤含硼量，但又不能一次多施，以免出现硼害。②应多施腐熟有机肥，避免植株其他营养缺乏。③在夏秋高温干旱期间，须做好树盘合理覆盖，并及时灌溉，以便降温保墒，确保表土层浅根能正常吸收肥水。

（七）粗皮、裂皮病

1. 病原　属于一种生理性病害。此病常出现于土壤含速效硼 0.4 毫克 / 千克以下的园地，往往是其他缺硼症状发生的前奏。

2. 症状　较多出现于枝梢分叉处，病枝上新发叶片小、色黄。此病多出现在 2 年生以上老枝上，裂皮的伤口常自粗皮皮孔开始并进一步扩大。1 年生嫩梢在夏、秋季遇高温干旱时，在土壤瘠薄之地也常出现，主要表现为皮孔突出或反卷的粗皮现象。在猕猴桃枝干上，所有粗皮、裂皮的伤口都为纵裂，深达形成层，可长达 2～3 毫米。裂皮严重时，形成层引起褐变腐烂，可明显削弱树势，导致严重减产。

3. 防治方法　同缩枝病防治。

（八）黄 化 病

1. 病原　果园干旱缺水或因根系存在线虫病和根腐病等影响营养吸收，树体负载量大导致树势衰弱，土壤中缺少锌、锰、铁、镁等微量元素时均可以引起猕猴桃黄化病的发生。其中，缺铁性黄化是最主要的黄化病原因。铁是植物体形成叶绿素必不可少的微量元素。铁素供应不足，会导致叶片中叶绿素含量减少，光合作用能力降低，直接影响猕猴桃正常生长发育。在旱季和猕猴桃旺盛生长季节，由于土壤水分蒸发和被根系吸收，土壤中盐浓度加大，黄叶现象更趋严重；相反，进入雨季后，由于盐分被稀释，所以黄叶现象有所减轻。影响的因素主要有：①土壤 pH 高，大量可溶性二价铁转化为不溶性三价铁而沉积，不能为猕猴桃根系吸收利用。②果园结果量超载，影响吸收根的形成。③石灰土壤中重碳酸根含量高，影响铁的吸收、运输。④土壤管理粗放，地下水位高的低洼果园，土壤黏重、板结、通透性差、根系发育差，影响铁的吸收。

2. 症状　在盐碱地或石灰性土壤地区表现的黄化多为缺铁性黄化。健康叶中铁含量为 80～200 微克 / 克，当含量低于 60 微克 /

克时即表现缺铁症状。缺铁时猕猴桃嫩梢上的叶片变薄，叶色由淡绿色至黄白色，叶脉间出现淡黄色或黄白色失绿，老熟叶片一般保持绿色，病叶较正常叶片小而薄；缺铁严重时，除叶脉保持绿色外，全叶褐绿色，最后甚至叶脉也失去绿色，果实也呈现黄色，病株枝条纤弱，幼枝上的叶片容易脱落，严重时全株叶片均变成橙黄色至黄白色，从叶缘开始向内焦枯，叶片早落，病株结果很少，影响果树正常发育，导致树势衰弱、减产，易受冻害及其他病害侵染。

铁、锌、锰、镁等微量元素缺乏所引起的失绿症状有所不同，现提供以下鉴别方法。

（1）**病叶形状不同**　缺锌的特点是小叶病，即在枝梢的顶端簇生小而窄的变形叶。而缺锰、缺铁、缺镁的叶片大小正常。

（2）**失绿部位不同**　缺锌、缺锰、缺镁时叶脉间失绿，叶脉及其附近仍然保持绿色。而缺铁的叶片只是叶脉本身为绿色，形成细的网状结构，严重时侧脉也失绿。缺镁时叶片有时在叶尖和叶基仍保持绿色，与其他缺素症状明显表现不同。

（3）**病叶部位不同**　缺铁、缺锌的叶多在枝梢的上部，且缺锌症状为簇生小叶，容易区别。而缺镁、缺锰的叶片多在枝梢的下部，尤其是严重缺锰时，虽然几乎使全部的叶片发生黄化，但顶梢的新叶仍保持绿色。

（4）**病叶色差不同**　缺锌、缺镁、缺铁的叶片，脉间的失绿部分与叶脉及其附近的持绿部分色差明显，尤其缺铁叶片非常黄白，色差更大。而缺锰叶片这种色差较小。

3. 防治方法

（1）**线虫病类黄化病和根腐病类黄化病**　按照线虫病和根腐病的防治方法进行；由过量挂果引起的黄化病，防治时应将疏果和增加树体营养相结合，在疏果的同时均衡补充树体营养。

（2）**缺素类黄化病**　可通过增施有机肥，调整土壤通透性，调整土壤 pH 值，使土壤各种营养元素供应平衡、全面，做到配方施肥。具体防治方法可参见本书第六章相关内容。

三农编辑部新书推荐

书　名	定　价	书　名	定　价
西葫芦实用栽培技术	16.00	怎样当好猪场兽医	26.00
萝卜实用栽培技术	16.00	肉羊养殖创业致富指导	29.00
杏实用栽培技术	15.00	肉鸽养殖致富指导	22.00
葡萄实用栽培技术	19.00	果园林地生态养鹅关键技术	22.00
梨实用栽培技术	21.00	鸡鸭鹅病中西医防治实用技术	24.00
特种昆虫养殖实用技术	29.00	毛皮动物疾病防治实用技术	20.00
水蛭养殖实用技术	15.00	天麻实用栽培技术	15.00
特禽养殖实用技术	36.00	甘草实用栽培技术	14.00
牛蛙养殖实用技术	15.00	金银花实用栽培技术	14.00
泥鳅养殖实用技术	19.00	黄芪实用栽培技术	14.00
设施蔬菜高效栽培与安全施肥	32.00	番茄栽培新技术	16.00
设施果树高效栽培与安全施肥	29.00	甜瓜栽培新技术	14.00
特色经济作物栽培与加工	26.00	魔芋栽培与加工利用	22.00
砂糖橘实用栽培技术	28.00	香菇优质生产技术	20.00
黄瓜实用栽培技术	15.00	茄子栽培新技术	18.00
西瓜实用栽培技术	18.00	蔬菜栽培关键技术与经验	32.00
怎样当好猪场场长	26.00	枣高产栽培新技术	15.00
林下养蜂技术	25.00	枸杞优质丰产栽培	14.00
獭兔科学养殖技术	22.00	草菇优质生产技术	16.00
怎样当好猪场饲养员	18.00	山楂优质栽培技术	20.00
毛兔科学养殖技术	24.00	板栗高产栽培技术	22.00
肉兔科学养殖技术	26.00	提高肉鸡养殖效益关键技术	22.00
羔羊育肥技术	16.00	猕猴桃实用栽培技术	24.00
提高母猪繁殖率实用技术	21.00	食用菌菌种生产技术	32.00
种草养肉牛实用技术问答	26.00		

三农编辑部即将出版的新书

序　号	书　名
1	肉牛标准化养殖技术
2	肉兔标准化养殖技术
3	奶牛增效养殖十大关键技术
4	猪场防疫消毒无害化处理技术
5	鹌鹑养殖致富指导
6	奶牛饲养管理与疾病防治
7	百变土豆　舌尖享受
8	中蜂养殖实用技术
9	人工养蛇实用技术
10	人工养蝎实用技术
11	黄鳝养殖实用技术
12	小龙虾养殖实用技术
13	林蛙养殖实用技术
14	桃高产栽培新技术
15	李高产栽培技术
16	甜樱桃高产栽培技术问答
17	柿丰产栽培新技术
18	石榴丰产栽培新技术
19	连翘实用栽培技术
20	食用菌病虫害安全防治
21	辣椒优质栽培新技术
22	希特蔬菜优质栽培新技术
23	芽苗菜优质生产技术问答
24	核桃优质丰产栽培
25	大白菜优质栽培新技术
26	生菜优质栽培新技术
27	平菇优质生产技术
28	脐橙优质丰产栽培